写给大家的理财课

张冀　杨忠恕◎著

九州出版社
JIUZHOUPRESS

图书在版编目（CIP）数据

写给大家的理财课 / 张冀，杨忠恕著. --北京：九州出版社，2021.1

ISBN 978-7-5108-9859-4

Ⅰ. ①写… Ⅱ. ①张… ②杨… Ⅲ. ①财务管理－通俗读物 Ⅳ. ①TS976.15-49

中国版本图书馆CIP数据核字（2020）第229164号

写给大家的理财课

作　　者　张　冀　杨忠恕　著
出版发行　九州出版社
地　　址　北京市西城区阜外大街甲35号（100037）
发行电话　（010）68992190/3/5/6
网　　址　www.jiuzhoupress.com
电子信箱　jiuzhou@jiuzhoupress.com
印　　刷　三河市中晟雅豪印务有限公司
开　　本　700毫米×940毫米　16开
印　　张　19
字　　数　190千字
版　　次　2021年1月第1版
印　　次　2021年1月第1次印刷
书　　号　ISBN 978-7-5108-9859-4
定　　价　48.00元

目录 | CONTENTS

第 4 章 | 问世间，房为何物

第 5 章 | 买房实战指南

第 6 章 | 股道练心

第 7 章 | 巴菲特不肯说的秘密

第 8 章 | 理财，那些您不知道的事儿

第 9 章 | 雾里看花：借我一双慧眼吧

第1章
寻找“财缘”

生活就是一场直播，每个人没有机会犹豫或重新来过，必须在瞬间作出决策，并承担其结果，也许这就是所谓“命运”。

财富之势：选择比努力更重要

这个世界上有亿万富豪，也有人一贫如洗。

财富的巨大分野刺痛了人们的眼睛，人们只艳羡挥金如土，却很少静下心来想一想，这条鸿沟究竟是怎么形成的。

有人会这么说，传承决定贫富。有人出生就食不果腹，有人出生就含着金钥匙，起点就远超过别人的终点，鸿沟无法超越。君不见，就算武侠世界里，华山论剑的名号从来都是师徒传承，普通人哪怕想想 “华山论剑”都会被称为“妄人”[1]。

有人会这么说，“小富靠勤，大富靠命”，身边有多少故事，主人公都是偶然的机会一步登天。君不见，就算武侠世界里，郭靖蠢笨，人家有东邪之女黄蓉青睐，这才有了北丐洪七公做师傅，接下来名震江湖就是顺理成章的事儿了；杨过是小叫花子出身，人家有东邪西毒南帝北丐四强邂逅，凭着他娘穆念慈搞不好连老婆都讨不上。

富贵，时耶？命耶？

1《神雕侠侣》大结局便是一群普通人去争天下第一，被黄药师笑话为“妄人”。原文摘录如下：欺世盗名的妄人，所在多有，但想不到在这华山之巅，居然也见此辈。

自古相传，**“贫富无定势，田财无定主”，财富既不靠时，也不靠命。**论财富谁也比不过皇家，千秋万岁名，寂寞身后事，无论西方罗马帝国，还是东方秦汉王朝，哪家财富传承至今？天上掉馅饼的事儿不是没有，可惜，没有财缘的人不可能守住财富。一夜暴富的人，不要说拥有、享受这笔钱，仅仅数年后就一贫如洗的，几多？

究竟怎样才能赚到钱，又怎样才能守住财富，这是亘古以来被讨论的话题，也是世界上最难的题目之一。

关于这个问题，机缘、传承、勤劳都是答案的一部分，又都不是唯一的真理。那么，世间贫富，究竟是怎样形成的？这个问题太玄妙，也许世人将永远与真实的答案隔着纱帘。

还是从一则寓言说起……

一场洪水突袭了蚂蚁的世界。洪水到来前的一刻蚂蚁们才得到消息，原本蚂蚁可以抱成一团自救，但凶猛的洪水来得实在太快了，蚂蚁们没有时间抱团，只能自求多福。

一片滔天巨浪中，小蚂蚁们匆忙爬上了一棵孤零零的小树。然而，树木是分叉的，无论哪只蚂蚁到了岔路口都必须选择，究竟应该往哪个方向爬？

这是一个赌命的选择：爬到一个主干上可能就会躲过洪水，如果选择了旁支则马上就会丧命。

最可怕的是，以蚂蚁的目力，作出抉择的时候不可能知道哪个是主干、哪个是旁支。有的蚂蚁强壮，有的蚂蚁羸弱，但强壮的蚂蚁可能爬上了低矮的枝干，而羸弱的蚂蚁则偏偏攀上了高枝……

一个极其随机的选择，导致蚂蚁们的命运截然相反。人生路径何尝不是如此，我们每一个人都是被洪水驱赶的小蚂蚁，在某一个不经意的瞬间被决定了一生。

对绝大部分人来说，辛苦不可怕，可怕的是不知道怎样才能赚到足够的钱。逝者如斯夫，时间像冲毁蚂蚁世界的洪水一样，不容我们看清路口。然而，**生活就是一场直播，任何人都没有机会犹豫或重新来过，必须在瞬间作出决策，并承担其结果，也许这就是所谓“命运”。**

我们把关于财富的机遇叫作“财缘”，即财富的缘分。要想赚到钱，必须找到自己的“财缘”，必须在岔路口选择正确的道路，作出理性的选择。请记住，不仅是财富之路，就整个人生而言，选择远比努力更重要，只是说人生结果最后在某种程度上以财富体现。

世人生活环境不同，履历各异，性格千差万别，关键时刻如何作出重要选择当各有各的不同。我只是一本理财书的作者，这里只能给出一个形而上的答案：**寻找“财缘”的唯一铁则，也是理财甚至生活的唯一铁则——最重要的是当下！**

看重当下而不看重未来，就是最好的选择。关于这一点，我们将来会在全书各个部分不断重复。

选择难道不该看重未来吗？

不要试图预判未来，我们是人，不是神，未来对人来说不可期。大千世界九万里，莽莽众生一乾坤，世之大势，普通人能看清当下就已经很优秀了。更重要的，我们的命运、财富乃至整个人生决定于当下，一个人将来要成为怎样的人、有多少财富，全看现在的选择。未来不可期，当下之势却非常明晰；看清了当下，未来一定会改变。

所谓当下，所谓财富之势，说起来也很简单，什么生意最赚钱，什么生意就是财富之势。那么，个人的选择就很简单了，什么赚钱就做什么，跟着财富趋势前行就是了，这样一定可以致富（不仅是小康，而是致富）。西方谚语所谓“站在风口，大象也能起舞”，古人所谓“时势造英雄”，都是这个道理。

顺势而为，就是财富的终极密码。

经济学所谓“理性”仅存在于象牙塔，所谓“不从众”“人无我有”也只是理论，比如有专家批判股民高抛低吸、追涨杀跌，不追涨杀跌，难道追跌杀涨？世人只做锦上添花，雪中送炭的有几多？

时来则运存，运到则命转；因势而利导，则势如破竹；反之，天予弗取，反受其咎。身在当下，却未必能看清当下，所谓“不识庐山真面目，只缘身在此山中”，大概如是。并非当下很难辨析，而是人心很难接受，于是就找到各种理由为自己的选择开脱，最终一拖再拖，误了终身。

身在当下而不相信当下，绝非个案，任何时代、任何行业新趋势在开始的时候都不为人们所接受，认清并跟随大势不但需要眼光，还需要胆识，甚至还需要那么一点点运气。

可笑的是，很多机会并不是人们主动抓住的，更不是最优秀的人就能随便获得的，很多人抓住机会不是因为优秀，而是因为不优秀——这并不是笑话。

财富之潮：最重要的是当下

求财，当然只看当下。

让我们顺着历史的逻辑看一看什么是财富之势，看一看每一个“当下”。明白了“当下”就会明白，原来财富就在我们每一个普通人的手中，只是不敢承认这份“财缘”，不敢追求这份“财缘”罢了。

中国当代第一波财富浪潮源自20世纪80年代初的自由经济，身处变革的大时代，每一个人都有大量机会，只是抓住的人寥寥无几。

那时所谓的财富机会，今天看了颇为原始，就是所谓个体户、小商小贩，在百废待兴的年代，什么生意都是创新，所谓“买卖好干”。

遗憾的是，人们认知当下、感知财富的节奏总是慢半拍。有些经历的人应该记得“万元户”这个词，如今“90后”“00后”自然无法理解一万元在20世纪80年代初的价值，时人对万元户的羡慕丝毫不亚于今天很多人对拥有多套一线城市房子的人的羡慕。

路遥的小说《平凡的世界》，真实记述了第一波财富浪潮的变迁。

两位主人公孙少安、孙少平兄弟即那个年代的缩影，小说赋予了少平更多笔墨，可见作者更偏爱少平。

相比之下，少平的追求才是那个时代的主流：农转非，在机关、全民所有制、集体所有制企业中找一份工作。现在看来，少平孜孜以求，无非也就是一个铜城煤矿的矿工罢了。

少安要承担家中责任，不可能像弟弟一样去追求所谓的“铁饭碗”，但他同样是一个不安分的后生，少安在不可能走出双水村的情况下开起了砖窑，成为公社第一批“冒尖户”（万元户）。

百废待兴的时代，基础建设急需建材，当时可没有钢混结构，开砖窑就成了最赚钱的生意。

少安、少平两兄弟，从财富结果而论，少安的财富远远超过了少平，但当时无论在作者路遥还是在广大读者眼中，无疑认为少平比少安成功，原因很简单，少安虽然有财富，却不稳定，少平做矿工收入低于个体户，端的却是铁饭碗。

毕竟，世界上永远没有绝对的稳定，任何行业都有兴衰荣辱。少安的砖厂随时可能经营困难甚至破产，或者会被钢混替代。

市场不是一个遍地黄金的地方，否则不会有失败的人逃避市场，这本就是一个风险与收益并存的地方。

买卖越小越难以抵抗这种风险。在稳定和收益之间，人类真正的“经济理性”是看重稳定，并非绝对看重收益。所以，第一批冒险求富的人无法获得稳定收入，他们不是最优秀的，在某种程度上甚至是被体制拒绝的人。

遗憾的是世界上只存在稳定的财富，根本就不存在稳定的工作。

国有煤矿看似是金饭碗，但没过几年，少平的命运就发生了改变。那时下岗潮席卷全国，当年金字招牌的全民所有制、集体所有制企业纷纷倒闭。如果少平真实存在于这个世界上，最后的结果很可能是既没有得到市场放开初期的财富，也没有得到所谓的“稳定”，只能另谋出路。

人世间，最大的稳定是拥有足够多的财富，一份稳定的工作远不足以抵抗风险。垄断性国企同样面临巨大挑战，当年三大电信运营商可以雄霸江湖，如今却是腾讯的虚拟世界，大家每天拿着手机，会接打几个电话？会发几条短信？

20 世纪 90 年代的第二波财富浪潮同样惠及全民——股市。

1990 年深圳证券交易所开业，中国第一只股票飞跃音响上市。当大部分人还不知道什么是股票的时候，另一批同样压根不知股票为何物的人闷着头闯进了市场，然后获得了价值连城的回报。

有老股民回忆当时情景时说：“根本就不知怎么回事，在交易所外面转了一圈，100 元就变成了 200 元，200 元又变成了 1000 元……”

阳春布德泽，万物生光辉。1992 年，东方风来满眼春，A 股市场开始被人们所熟知，这里成为神奇的造富之所。这一次，同样还是胆子大的人义无反顾冲了进去，结果大家都知道了，只要买了股票就是“躺赢”，所谓“杨百万”、“张百万”都隐藏在那些排队买股票的攒动人头中。在计算机没有普及的年代，能进入证券交易营业大厅的“大户室”，才是财富的象征。

然而，A 股造富之浪没有裹挟所有人。有人即使知道股票市场仍没有涉足其中，他们并非没有这部分资金，也并非参与这场游戏有门槛的限制，而是人性的弱点让他们无法克服损失本金的恐惧而已。

恐惧变动与恐惧损失之间本质并无区别，在经济学上都属于风险厌恶型，这本无可厚非。结果也很简单，无法承担风险，或者说不愿意承受风险的煎熬，自然就得不到市场上的超额收益。

追求稳定是人类的本性，但从理财、投资的角度看，不承担风险才是最大的风险。财富犹如逆水行舟，不进则退，任何一波财富之浪赶不上，都有可能被时代的江河拍打到岸滩搁浅。

在时间的长焦镜头中，货币价值不是一成不变的，保住本金，或者说保住财务能力的唯一方法就是让货币同速度增值，根本不是名义上的稳定和不受损失。

就在人们陶醉于纸上富贵的时候，大洋彼岸信息经济开始兴起，中国这片肥沃的土壤也开始孕育终极财富大浪。这个年代，第一批精英级财富弄潮儿开始登上舞台，他们的苦楚和成就各有不同，落寞与辉煌也将难以复刻，但无不集合了那个时代的天时地利人和。

1992年，马云还用不着“悔创阿里”，杰克·马刚刚度过满大街找人打架的叛逆时代，从杭州师范毕业，成为一名人民教师。然而，人民教师赚钱太少，于是他创办了一家入不敷出的翻译社。

1992年，苏北的穷孩子刘强东别说“不知妻美”，能不能讨到老婆都还是未知数。那一年，刘强东背着76个鸡蛋、内裤里缝了500块现金来人民大学报到。那个时候的刘强东为赚生活费还在抄信封，有时候要在宿舍走廊的小板凳上抄到手麻脖子酸。但是，作为社会学专业的学生，刘强东却自学了编程，开始在中关村倒腾光碟。

1992 年，马化腾正在为变成“不普通的家庭”而奋斗，深圳大学读大三那年，计算机专业的腾讯一哥在股市赚翻了天，成为赶上第二波财富之浪的弄潮儿。“普通家庭”的马化腾兴之所至，编写了一个炒股软件。之后，凭借编写软件的本事去了一家传呼公司上班，那时候 ICQ 还没被创造出来。

1996 年，人民日报发表社论《正确认识当前股票市场》[1]。此时，“悔创阿里”“不知妻美”“普通家庭”还没有正确认识当时的股票市场。此后，A 股市场开始了漫漫熊途，人们这才开始意识到，资本市场原来还可以是绞肉机，这里需要交易技术，不是躺着就能赚钱的地方。

昔我往矣，杨柳依依。

对财富创造来说，这是一个最好的时代，也孕育着时代最大的财富之浪。彼时，Beyond 的《光辉岁月》在全国传唱，里面的歌词是对那个年代最好的诠释：潮来潮往世界多变迁，迎接光辉岁月……

很快，第三次财富浪潮就随之袭来。

时间长河中财富涌动从未停止，2000 年后第一个新的十年，造富列车换成了房地产。当下的每一刻都在变动，每一个人都有机会追上财富的列车，只是难度越来越大。

2003 年前后中国房地产市场开始崛起，人们开始津津乐道拆迁户得

1 1996 年 12 月 16 日，人民日报发表社论《正确认识当前股票市场》。

到了十几套房子，江湖上也在流传一个又一个关于财富的神话。

2002 年，有一个钢材供应商被房地产开发商拖欠货款：没有现金，只有卖不出去的房子，要钱没有，要房一堆。

原本就是一个小供应商，如果不要连一堆破房子都没有了，无奈的钢材供应商只得接受现实，眼睁睁看着公司就要被拖垮。

结果大家就都知道了，2002 年后中国开启了房地产牛市，房子从此成了最值钱的财产，此人瞬间完成了华丽转身。

房地产市场中最直接的参与者是房地产开发与个人投资买房，即使大部分人没有开发房地产的能力，购房的机会总是有的。

房地产市场刚刚兴起的时候还是买方市场，人们可以游刃有余地在房型、地点、楼层之间选择。那时候没有购房户籍限制，五六线小城镇的人也可以在北京、上海购房。从房价来看，小城市的居民勒勒裤腰带也能凑够一套房子的首付。在首次买房这件事上，永远没有钱够不够的说法，只有想到想不到，做到做不到。

与第二次财富浪潮不同，以房地产市场为驱动的第三次浪潮更为公平。在网络并不发达的年代很多居民对 A 股市场并无切身体会，也不接触相关信息，股市似乎是一件很遥远的事。房地产市场则不同，这是与每一个人都息息相关的市场，我们每一个人都身在其中，也都在其中受益（苦）。

这个时代只要下决心买房，便是踏上了财富的列车，早买早受益，早买早完成人生使命（请注意，不是赚钱）。

遗憾的是，不要说小城市的居民，就是一线城市的居民有几个敢在这个时候用杠杆、用足杠杆去买房？这个时代人们的意识里，贷款买房难以接受，更为普遍的是亲情借贷凑够全款，根本没有首付、月供的概念，难怪会远离财富。

在以房地产为车头的财富的列车中，车速远比前两次浪潮迅猛，一旦没搭上这座列车，人生幸福的难度就会陡然加大。

刚需购房是一个时不我待的任务，一轮涨幅下来没有上车的人可能被远远甩在后面。财富列车中最重要的就是认清当下，不要以个人对房价的判断（幻想）替代市场的走势。这个时代有财富神话，也有令人啼笑皆非的事情，明明可以全款买三室一厅，拖了几年成了贷款买一室一厅。

相反，2003 年之后先知先觉者已经不再积累货币，而是率先贷款买房，靠资产去积累财富。要知道买房是有杠杆的，此后财富增值速度便呈现出几何算法，相反，那些守着货币的人，财富同样呈现出几何算法——贬值。

与第一次、第二次浪潮一样，房地产带来的第三次财富浪潮来临时，除了认清形势的精英，很多是有胆量买房、有胆量贷款的人，或者是不得不买房的人。

人们总想着多留一点钱、少借一点债，或者家中有老人需要赡养，或者恐惧负债的日子，总之，舍不得手中货币换为房产，殊不知房产也是钱，也能变现。在二手房市场，价格永远是王道，只要比市价便宜 1~3%，便可迅速卖出，折算货币时间价值，这种折价并不是亏损。

继而在十多年的房地产涨幅中，有的普通人选择了以房地产为职业——既然无法开发房地产，便一门心思跑到大城市倒卖二手房，不少人因此实现了财富自由。

回溯这段历史，很多投资客的决策依据并非风险承受能力、首付、现金流等财务要素，更不是有卓识的眼光，实际上这些人根本没有风险承受能力，连首付都是借的，所谓现金流全靠房子倒手。敢于作出炒房的决策，只是为当下利益所诱惑。

炒房当然是不对的，也是我们极力反对的做法。但是，这份眼光是正确的。请记住，投资，最重要的是当下。

对于房地产市场，我们后面会有单独章节分析，第三次财富浪潮明明是一个已经飙升了的市场，很多人却觉得房价应该下跌？

这种幻觉不会是孤证，也不一定是房地产，过去有、现在有将来还会有，市场所以为市场，是因为有市场的规律；人类所以为人类，是因为虽然知道市场规律，却一定去幻想，于是被市场无情地抛弃也就在所难免。

就在房地产市场飙升的同时，21 世纪已悄然而至。财富浪潮永远与时间相伴同行，只不过接下来成了互联网精英的专场表演。

中国第四次财富浪潮来自互联网与金融的融合，也是 1978 年来最大的一波浪潮，其创造的财富与前三次相比根本不在一个量级上，可以被视为终极财富大浪。

2000 年刚开始的时候，成批的哈佛、麻省理工、斯坦福等名校留学生荣归故里，义无反顾投入中国互联网大潮……

搜狐一哥张朝阳登上《亚洲周刊》封面；

李彦宏只有十几个人、七八条枪，却决心打造出中国自己的搜索引擎；

在杭州一个叫湖畔花园的小区里，阿里掌门人马老师对后来的17位罗汉说："现在，你们每个人留一点吃饭的钱，将剩下的钱全部拿出来"；

腾讯一哥马化腾则满世界卖腾讯QQ的前身OICQ，并差点以20万元的价格成交……

就在普通人对财富巨浪毫无知觉的时候，风险投资（venture capital）已经给互联网插上了腾飞的翅膀，缔造了一个个财富神话、一批超级富豪，也绞杀了无数倒下的英雄。无论早期的搜狐与雅虎，还是后期的滴滴与快的，资本"烧钱"大战原有经济循环根本难以理解。

在一轮又一轮的竞争中，互联网公司原始股成为打开阿里巴巴宝库的钥匙，互联网精英的财富以普通人无法理解的级数式增长。只要搭上这趟顺风车，一定可以实现财务自由，忽如一夜春风来，亿万富豪互联开。

2011年年底，微信用户到达5000万，2015年10月12日腾讯港股市值为13491.14亿，超过当时宇宙第一大行工商银行的市值。

2014年，京东在纳斯达克上市，一位来自宿迁的记者这样表达了对刘强东的崇拜：在宿迁，从古至今只出过两个名人，一个是项羽，一个是刘强东[1]。

2017年，马云的小电影《功守道》获得无数明星助阵，功成名就的中学教师又做回了教师。

---

1 陈玫序，《苏州教育学院学报》。

21世纪的新十年，来自互联网创业的财富令人目眩神迷。很遗憾，这不再是一次普惠式的财富增长，不但需要IT行业技术，还需要对管理、商业模式有很深入的了解。

更令人意想不到的是，这次财富暴增逻辑中有风险投资助力，刚从传统行业走过来的大部分中国人既无法理解，也无法参与。

如果说房价是让财富直线飙升，那么互联网带来的财富就是病毒式分裂，其财富增长速度无法用传统经济学理论解释：资本为何会持续投入那些根本不盈利的互联网公司？答案是，资本看重的是增值，根本不是来自运营的盈利——哪儿的钱不是钱，跟谁做买卖不是买卖？

回溯过去的四十年，财富大浪已经有四次变换，无数财富代名词一闪而过又在星空中闪耀：农转非、万元户、倒爷、原始股、房子、互联网、移动互联……每一个人都在想：没有赶上前浪，后来者还能踏浪前行，成为财富海洋中的弄潮儿吗？

江山代有才人出，各领风骚十几年。

弹指一挥间，四十年一闪而逝，四次财富浪潮没有什么连续性，个体户不必然去炒股票，炒股的人不必然倒腾房子，互联网巨头也没有房地产大佬出身的人。

四次财富大浪完全是四个不同的领域，财富后浪推前浪，一代新人换旧人，每时每刻我们都有机会，都在财富浪潮之中。踏浪之行，光荣与屈辱、成功和失败只属于他们自己，财富只是最后给人生打一个标签罢了。

历史既是现在，也是未来；

洞悉历史，所以看清现在；

看清现在，所以改变未来。

我们无从告诉您未来会发生什么，只能告诉您在寻找财富的路上，识时务者为俊杰，若不能引领大势，便当跟随大势。如此，每一个人不一定是富人的后代，却完全有可能成为富人的祖先。

财富之心：自信改变人生

形而上者谓之道，形而下者谓之器。

说清怎么赚钱、怎么理财，必须明白什么是钱，什么才是财富？钱是什么，是人民币、美元、金银珠宝、房子，还是比特币抑或其他？

这又是一个很难说清楚的问题，钱是财富，又不是财富。无论人民币、美元还是金银珠宝，只是财富的一种表现形式，说穿了是财富存量的计量形式，不是财富本身。即使货币，有法偿能力的时候就是财富、一般等价物，没有法偿能力就是一张废纸，包括金银珠宝在内都是一样的道理。

究竟什么是财富？

这又是一个非常难的问题，**财富融合了人性的所有优缺点，某种程度上，财富就是人性。**遗憾的是，人类自身向来很难看穿自己，说清楚财富就更难了。

在我们的逻辑里，人，也就是自己才是每个人一生最大的、唯一的、恒久的财富。试想一下，所有的钱都是自己和家人赚来的，天上岂能掉馅饼？

真正的财富是一个人、一个民族、一个国家的创造力或者说创新能力。正如华为创始人接受央视采访时所说："什么都没有了，只要我的人还在，我就可以重整雄风。"这种能力小则让一个人、一个家庭安身立命，大则让一个国家屹立于世界。"二战"后，英、日等国家同样满目疮痍，短短数年之间便迅速崛起，靠的不是美国的马歇尔计划，而是几代人、几十代人积累下来的人力资本。钱总有花完的时候，没有创造力，何以继之？

如果用一个学术名词，这种创造力被称为"人力资源"；用通俗的话说，就是一个人赚钱的本事。

科学家、工程师、企业家探索未知的世界，创立一个学科、创立一个产业、创立一种新的商业模式；普通人在某行业里摸爬滚打，人熟路熟能赚到钱，这种能力综合了一个人的履历、经验、能力、心智，体现在国家就是综合国力，体现到个人就是赚钱的本领。

很遗憾，具备创造力的民族不多。在国家层面，除了老牌资本主义国家，新兴市场国家就那么几个；在个人层面，招聘年薪10万的人一抓一大把，招聘年薪百万的却根本无人敢问津。

在没有其他标准的时候，财富是一种符号，是衡量一个人、一个家庭、几代人人力资源的镜子。这面镜子如此清晰，清晰到锱铢必较，一切都将无所遁形，无论贫富贵贱，喜、怒、哀、乐、怨憎会、求不得、爱别离……

世间百态不过如此。

再回到理财。理财并不单纯指代赚钱，赚钱只是理财的一小部分。理财的最终目标是借助融资手段平滑一生现金流，钱尽其用的前提下最大限度提升每一个人的人力资本。那么，要如何获得求财所必需的人力资本？

这个话题让我们从一本畅销书说起……

曾经有一本名为《我在底层的生活：当专栏作家化身女服务生》的书畅销全球，美国作者芭芭拉卧底社会底层，想探究为何这些人不能完成阶层跃迁。芭芭拉原本认为，阶层跃迁应该很简单，多提升自己，多磨练自己，应该很快就能学会一项技能，为什么世界上会有这么多穷人？

为了寻找贫穷的真相，芭芭拉潜入贫民窟，试图寻找答案：究竟是什么原因让他们停留在社会的底层。如果身处其中，以自己的见识和能力，是不是能够迅速脱离底层？在长达数年的卧底生涯中，芭芭拉断绝了自己之前的经济来源，去体验社会底层如何挣扎求生。

芭芭拉辗转于不同城市，先后做过很多行业：餐厅服务员、旅馆服务员、清洁女工、家政、沃尔玛售货员等，期间也遇到了很多不同背景、个性迥异的上司与同事。

她最终得出结论，认为身处底层，无论哪一种工作、哪一个上司都不可能改变当前的命运，也不可能提升自身人力资本。

底层没有传说中的怜贫惜弱，没有救人于水火的大侠，更没有灰姑娘变身公主的童话，只有为了蝇头小利的搏杀，为了获得一点收入无所不用其极，至于道德根本就被视若无物，甚至完全是强盗逻辑。

雇主千方百计削减她的薪水，延长她的工作时间，更换工作、更换城市只是改变一个生存地点，改变不了生活本质。在市区工作收入会高一些，却租不起附近的房子，在远郊居住会耗费大量时间，工作强度也会陡然加大。

所有生活经历只是不同形式匍匐在社会底层，严酷的工作环境使人疲惫不堪，不可能有提升自我的机会。很多情况下这个层次的人们没有任何积蓄，不可能冒着失去一周、一个月工作的风险去更换工作，因为他们要活下来。

更糟糕的是，芭芭拉的结论显示，美国三分之一的劳动力无法获得一份比较体面的收入，他们工作一辈子也不可能有钱买到足够多的食物，只能勉强活着。

全书由此得出结论，美国阶层固化越来越严重，底层民众越来越难以改变自己的命运。

读完芭芭拉的宏论，有一个问题久久萦绕在我脑海：固化的一生、板结的阶层，是钱错了，还是世界错了？

阶层固化是金钱的罪过吗？

答案当然是否定的。从古至今，世界上任何一个地方都有贫有富。同样的道理，阶层跃迁也存在于世界上任何一个国家和地区。俗话说“三十年河东，三十年河西”，芭芭拉的结论更符合一部分人为失败寻找外因的心态，自然得到追捧。

2005年，尤努斯因创办乡村银行获得诺贝尔和平奖。在尤努斯乡村银行获得贷款的人往往只需要三五美元，就是这些三五美元的贷款者（很多还是女性），凭着微不足道的钱起家，用一个又一个励志故事把尤努斯送到了诺贝尔奖的神坛。

理论很丰满，现实很骨感。

即使有了诺贝尔和平奖的系列例证作支撑，我们依然要知道改变现状很难，这种现象有个学术专谓叫“路径依赖”。

所谓“路径依赖”是一个经济学术语，具体到人生，之前通过怎样的手段谋生，之后也一直想复制这种经历。

儿时耳濡目染的家庭环境，父母包括身边所有人的人生路径都是如此，自然而然也就走上这条路，从现实来看有人将其称为“阶层固化”。

人们习惯了当前的生活，便在一个无休止的循环里开始奔跑，跑得越久就越害怕变动，循环就变得更加顺理成章。跳出魔咒锁定的循环需要大量的信息，或者说谋生经验，而这些经验恰恰是最为欠缺的。

于是，脱离循环就变得不可能，只不过社会底层所面对的现实更加刺目罢了。因此，人们就以为陷入循环魔咒，无论多么努力，始终逃脱不了注定的命运，渐渐无奈地接受现实。

跳不出红尘，怎能看破红尘？

人类能跳出宿命的循环吗？

生活没有宿命，更不是无尽的循环。

简单说，换一个角度来思考就会容易很多。问题的关键在于，需要更换的角度从当前看是一种非常奇怪的思维，甚至可以说是一种不可接受的思维。

原有圈层不可能理解上一个圈层，同样，上一个圈层也不会理解下面的圈层。逆袭者或者说破除魔咒的人，一定要改变原来的生活逻辑、生活圈层，为此招来很多误解、嘲笑就在所难免。

本就不在一个圈层的角度考虑问题，怎么可能会有认同？

微信之父张小龙在成名之前坚持做免费邮箱 Foxmail，无论如何穷困潦倒都不曾放弃，面对同事、朋友们的不理解，张小龙扔下一句话：“一群没志向的家伙。”张小龙凭一己之力缔造了 Foxmail，Foxmail 让张小龙名满江湖，也让张小龙丧失了所有收入来源。功夫不负有心人，张小龙的坚持最终让他获得了巨大的成功。如果没有当初的坚持，如何能有今天的微信?

20 世纪 90 年代，电信企业的工作不仅高薪、稳定，还有相当的社会地位。但是，极少数电信员工依然选择了考研或者创业，这种人一定被视为另类。比如，普通家庭出身的腾讯一哥马化腾，原来在一家电信企业工作，扔掉了“金饭碗”才有了后来的腾讯，虽然腾讯一哥至今仍称自己来自于“普通家庭”。

缺资源、缺资金、缺人脉，不是身处贫困者的专利，所有人都要面对这些问题。层级越高遇到的问题就越严重，随着层级上升，要解决的问题难度系数成级数上升。无房者所缺的只是一套房的首付，开发商面对的是几十亿的资金缺口。再向上，根据摩尔定律，腾讯、阿里、百度三大巨头之间每 18 个月都要经历一轮生死搏杀。

我们只记得成功者，却不知道有多少 IT 巨头无声无息倒下。今天可还有人记得大黄蜂（网约车）、易趣（电商）、3721（搜索引擎）？这些企业当年的江湖地位比今天 BAT 毫不逊色，却都无声无息地消失了。

阶层之间最大区别不是财富存量，而是对待困难的态度。任何人面对的困难都难以解决，容易解决就不叫困难了。难以解决，就不解决了？随着阶层上移，分析问题、解决问题的意愿会越来越强大，随之能力也就越来越强大。

有钱人并非用钱去解决问题，而是在解决问题的过程中赚更多的钱。

接下来的问题是，**怎样的思维才能让人跳出原有圈层，获得更多财富，最终实现一生梦想？**

答案很简单，自信。

每一个人都要从骨子里相信，自己有着与众不同的特质，有着独一无二的价值。20世纪新东方兴起的时候曾有一段传播甚广的校训：你我来自不同的地方，但命里注定，拥有了一个共同的理想，不甘平庸与寂寞，追求奋斗和成功。如今，“追求卓越，挑战极限，从绝望中寻找希望，人生终将辉煌”已经成为新东方新的校训，但时代的精神仍在。“心有多大，舞台就有多大”并不是一句笑话。有一种人天生不满足于现状，他们不惧怕失败，惧怕的是没有一点色彩、没有一点张扬的平淡人生。对他们来说，梦想代表着美好，代表着激情，代表着生活的全部意义，他们总在不满足中寻找拼搏的动力，这种动力让他们不停去做更大的跳跃，更美的飞翔。

《功夫熊猫》里熊猫阿宝有一句经典的台词：“可最伤我心的是，我每天努力练习，却还是那个我。如果还有人能让我不是昨天的我，那就是你，中国最伟大的功夫师傅。”

阿宝说得不对，那个能“让我不再是我”的人不是浣熊师傅，而是阿宝自己。有了乌龟大师指点，阿宝进入翡翠宫，得到龙之卷……

又能如何？

龙之卷是无字天书，什么都不能给阿宝，阿宝只有依靠自己领悟无字天书的真谛才能战胜残豹。《功夫熊猫 2》依然在说这个问题：阿宝找到了自己的过去，才炼成了气功，打败了孔雀。第三部如出一辙，阿宝终于回答了一个问题——我是谁？我是谁，我是阿宝。

关于自信，关于梦想，我们每个人都是阿宝。正如《功夫熊猫》中浣熊师傅所说：如果你仅做力所能及的事，那就永远无法进步。

富兰克林说过：贫穷本身不可怕，可怕的是自己以为命中注定的贫穷或一定老死于贫穷的思想。

《滕王阁序》有云：穷且益坚，不坠青云之志。

青云之志既有，必能身登青云之梯，这就是我们的财富第一课。

财富之法：平滑一生现金流

相比诗和远方，更重要的是当下。请一定要记住：当下的理财目标不是赚多少钱，而是有多少钱。赚多少和有多少，两者有本质区别。

先来说一下什么是当下？

一个人的“当下”只有一个，每一个“当下”又对应着无数人，因此“当下”也就有无数种可能。对理财来说，每一个“当下”要做的不仅是钱生钱，钱生钱、多赚钱只是最简单、初级的理财理念。

再次提醒，请务必记住：**所谓理财，不是赚多少，而是有多少。**

控制资产规模最大化才可能收益最大化，君不见，可有一家世界五百强、全国五百强公司不在金融市场融资？无论是互联网新秀腾讯、阿里巴巴还是传统行业永不落幕的茅台、五粮液，哪一家企业只靠自有资金运转？

这个道理放到个人和家庭身上也是一样的，只有控制资产规模最大，才有可能赚得最多。这就涉及一个理念问题：资产、负债、净资产，到底哪个才代表财富？

相信很大一部分人的回答是净资产，只有净资产才能说明一个人、一个家庭有多少钱。很遗憾，在我们为您诠释的逻辑里，净资产为王是错的。

无论个人、家庭还是企业，资产总额都应该成为财富的王者。所谓有规模才有地位并非空穴来风，即使在西方世界也有“大而不能倒”的惯例，一旦企业做大到一定地步便不可能瞬间倒闭。这个逻辑落实到个人理财，就要弄清楚一个人、一个家庭可以动员的资源总量，到底能动用多少钱。真到用钱的时候，没人会问钱是借来的还是自己的。

如何才能扩大资产控制范围？

您猜对了，理财，重要的不仅是收益，还有借钱。否则，仅靠一己之力积累财富，难免与真正的理财背道而驰，事倍而功半。

网传北上广深养活一个孩子要1000万以上，这么算并非全无道理，但终归是哗众取宠。1000万不是一个时点概念，而是一个平滑概念，将1000万平滑到几代人的时间就简单很多了（误导还在于把孩子当作消费品，而非财富生产者）。更重要的是1000万是一个资产概念，不是一个净资产概念，其中包含负债。如果是时点净资产，1000万现金不消说普罗大众，就是亿万富豪也很难常备千万现金。

这篇文章曾在网络引起轩然大波，人们把一切罪责都归罪于子女教育、房产、养老，也就是人们常说的“三座大山”。不知大家有没有想过，所谓“三座大山”是一个人一生应尽之事，是“大山”更是责任。如果一个人不肯为“三座大山”付出，不教育子女、不赡养老人，也不买房，现实生活中是一个怎样的人?

“三座大山”在任何一个国家对任何人都是一生最重要的事儿。网络新闻之所以刺目，是因为偷换了概念。1000万成本应该真实存在，但这1000万不是一个存量概念，而是一个流量概念。也就是说，不需要在一个时点拿出1000万，1000万是平滑到一生中慢慢累计的。

所谓“理财”是以人生为单位，目标不是一年内手中的存款能赚多少钱，而是站在生命周期的角度，结合个人特点和实际情况，平滑一生现金流，将整个人生生涯中的收入和支出做到合理分配，从而轻松搬走“三座大山”。

人生任何大的支出都需要平滑到整个生命周期，未雨绸缪，不是单纯积攒收入：购房只需要付出首付，以贷款杠杆撬动整个房款；养老要靠保险平滑退休后的收入；除了基本医疗保险还有个人投资的补充医疗保险，单纯希望免费医疗，世界上怎么可能有免费的午餐?

对普通人来说，**35岁之前，年轻的你要向未来成功的你借钱，**培养人力资本，解决住房，建立家庭，生儿育女。

有人说35岁之前人生已经过完了一大半，人对时间流逝的感觉并非匀速，随着年龄增大，时间流逝速度逐步递增。5岁的时候，一年是一生的五分之一，一年时间很漫长，随着年龄增长一年在生命中的占比越来越小，按照这种算法，35岁的时候人已经度过了大半生命。20世纪90年代下岗潮的时候有一个名词叫“四零五零人员”，意思是40岁以上的人再就业困难，而如今职场招聘流行35岁以下。

的确，这种说法有一定道理。人生巅峰成绩大多是在35岁以前实现的，自然科学诺贝尔奖得主的成就大多在35岁之前就有了雏形或者已经发表了。

如此，35岁之前的理财原则便是三个字“不要怕”，这一阶段理财最重要的目标是提升自我能力，理财目标当然要为此而服务。开拓事业，不要担心将来的收入不足，如果自己对自己都没有信心，如何能成就自己？

“不要怕”具体到操作来说就是房贷。

商业银行真正的普惠只有一种业务，那就是房贷。公积金贷款则是国家给予普通人的福利，利率更加优惠。既然是普惠业务、福利政策，还是越早享受越好。从个人角度，有恒产者有恒心，所谓安家立业，有家才有业。购房，是一个人走向成熟的标志。购房越晚，后期成本就会越高。所以，不能犹豫。刚需之下，请不要讨论房价下跌，房价确实有下跌的可能，对普通人来说房地产投资既是一生最大的财富，也是唯一的房产，不可能出售换取现金流，涨跌也就与您无关。

至于贷款额度、期限，除了“不要怕”，还要记得这句话：“思想再解放一点，胆子再大一点，步伐再快一点。”正确评估个人能力以及未来发展路径，用足额度，用足年限。须知，今天购房的钱需要未来几十年内还清，不用说几十年后，十年后这笔钱一定不是今天的价值，也一定不是今天的难度。

对于普通人，可以这样说，35—40岁之后，理财的主要原则就变成了“防风险”。不惑之年，上有老下有小，各种风险随之而来，任何一种风险概率变成现实都是生命无法承受之重。练习搏击的人有一种基本功叫“排打”，简单说就是打人之前先学挨打，学会怎样挨打才能让自身受到的伤害最轻。

所谓“防风险”跟“排打”异曲同工。**理财第一目标根本就不是为了赚钱，而是不把自己和家庭暴露在极端风险之下。**

人生最大的风险是什么？

恐怕就是死亡了。我们有讳死的传统，尤其忌讳非正常死亡。从不提起不意味着死亡风险不存在，尤其是主要劳动力非正常死亡对一个家庭财务能力的损害是致命的。逝者已矣，生者何如之，家人可有一份保障？

人类无法对抗死亡，保险却能令生者安心，保险、保险，保而无险。

风险的第二层是损失风险。“人之初，性本善”，从投资的角度可以说“人之初，厌风险”。风险厌恶是人类本性，安全是第一要务，就连股神巴菲特都说，投资最重要的是保住本金。

不同理财产品的风险程度是不同的，国债、银行存款的风险最低，收益也最低；A股价格波动性强，赚得多赔得也多；期货市场自带5—10倍杠杆，多空双向都能做，赢时成倍地赚，赔时加倍地亏，直到把本金亏光。风险最高的当属外汇市场，1997年索罗斯等国际金融大鳄就是在这里轻松毁掉一批国家的财富。

不同的人风险接受能力不一样，面对不同“收益—风险”配比的理财产品，每个人的选择并不一样。这就像玩游戏，打完了前面的阿猫阿狗才能去打关头老怪。游戏关卡设置难度会逐渐提高，通关必须要从第一关开始，脚踏实地一步一步来，如果不能顺利通过前面的关卡，天降到后面的关卡，很容易死在开局。所以，投资一定要按照风险从低到高的顺序来，把风险低的产品配置足了，再去考虑高风险的产品。

请一定要记住，在理财市场中所谓“风险—收益”配比实际上根本就不存在，往往只有“低风险—低收益”“高风险—无收益”这两种选择。

但凡高收益产品，市场结构、交易技术一定相对复杂，一无所知只看到收益就冲了进去，最后的结果就成了“无收益—净损失”。对不熟悉的投资产品不要轻易去碰，尤其是有人用高大上的名词来游说的时候，比如风险投资、PE、期货等。这些产品无论是否正规，高额收益不一定能拿到，风险却是一定存在的。后文我们会对市场上不太常见的高收益理财产品进行分析，对读者或有所裨益。

35—40 岁之后，“防风险”最重要的手段除了保险还有平衡家庭资产负债结构。四十而不惑，人过四十，大额支出不再是刚需，而是改善型需求。面对改善型需求一方面要靠负债，更重要的是多元化家庭收入来源。

随着年龄增长，一个人、一个家庭财产性的收益应该稳步增长，否则，工资性收入在家庭现金流中占比越高，家庭就越脆弱。工资性收入占比过高的家庭很难经得起失业、大病、亡故这样的冲击。最简单的，失业就意味着失去薪资，切断大部分收入来源。

我们可以给出一个时点，45—55 岁之间应该实现这个目标，时间越向前越好。与被动的工资性收入相比，可以完全掌握在自己手中的财产性收入更为稳定。当然，财产性收入不意味着没有投入，在获得财产性收入之前，一定会投入时间、金钱或者劳动，积累最终形成一种持续不断的流入状态。

最常见的财产性收入是理财收益，每个人或多或少都会有些余财。财一定要理，你不理财，财不理你。其他常见财产性收入还有：房租与房产增值、专利收入、股权分红与增值等，这些都需要我们在一生中孜孜不倦去努力。

对待金钱恰如《华尔街：金钱永不眠》所言：金钱是一个永远也不会入睡的女人，她天生好妒忌，如果你对她稍有大意，当你早上醒来的时候，或许她已经永远地消失了。

所以，商业保险不可或缺，后文会详谈。

同时，人们要为20年后做打算了。国家提供基本养老保险，“基本”二字已经完全说明问题，要想有一个幸福、宽裕的晚年，保持生活质量，必须尽早做起。

第2章

峭壁边缘

国内各收入水平家庭由死亡风险引发的家庭经济脆弱性均很严重。随着收入的增加，经济脆弱性程度越高。换句话说，赚得越多，一旦出现家庭主要成员死亡，回到原有生活水平的概率就越低。

人人都活在峭壁边缘

请记住股神沃伦·巴菲特的投资铁律：第一条是保住本金，第二条是保住本金，第三条是记住前两条。

人生本身就是一场投资，生命是最重要的本金。

人有悲欢离合，月有阴晴圆缺，理财不能彻底改变命运的转盘，同样不能避免风险，却可以降低风险的伤害。所以，理财最重要的事不是优先考虑赚多少钱，而是如何降低死亡带来的伤害。在为财富的数字增添更多“0”奋斗时，如何保住零前面的“1”才是关键。

再强调一遍，理财如人生，最重要的第一要务不是赚多少钱，而是防范风险。

人生最大的风险是什么？

借用刘慈欣的一句话：你在平原上走着走着，突然迎面遇到一堵墙，这墙向上无限高，向下无限深，向左无限远，向右无限远。这墙是什么？是死亡。

按我们的文化，每一个人都希望寿终正寝，非常忌讳谈论死亡这样的话题，尤其忌讳提及亲人和自己非正常死亡。

不得好死是对人最大的诅咒，是最难听的骂人语言。

可不提这事儿，非正常死亡就不存在了吗？

交通事故、医疗事故、触电、过劳死……根据国家统计局的数据显示，中国每年非正常死亡人数超过 300 万人，平均每天有 8000 人死亡，平均每 6 分钟就有一人死亡。死亡看似很远，其实如影随形。当然，也包括作者和每一位读者。更精细一点，每一天、每一个人的死亡概率大概在万分之一左右。

站在统计学的角度，概率低于 5% 的事情在现实中不可能发生，万分之几、千分之几的概率几乎可以忽略不计，普通人非正常死亡的概率比中千万大乐透的概率还低，既然不相信两元的大乐透中头奖，为什么相信非正常死亡会降临到自己头上？

买两元的大乐透不中头奖没事，但万分之一的死亡发生在自己身上，就是晴天霹雳。非正常死亡真实存在于整个世界，存在于我们每个人的身边，万分之一的概率落到具体个人头上，就是百分百的现实。人生最大的悲哀并不是钱还在，人却没了，而应该是，命不在了，钱不在了，家人还在。

死神会剥夺一个人的生命，逝者已逝，不再受凡尘之事的羁绊，生者的明天却要继续。如果是家庭主要收入者失去生命，生者则沦入更悲惨的境地——生无所依。在家庭主要成员遭遇死亡面前，任何人的坚强都不堪一击，无论贫困、小康还是大富大贵之家，都会迅速沦陷。

一家权威的国际顶尖期刊曾给出这样的研究结论：**家庭主要收入来源者的死亡将导致家庭收入永久性减少，会使家庭的消费水平急剧下降；**当家庭中丈夫死亡后，消费水平下降超过25%的家庭占比在三分之一以上。

家庭消费水平降低，直至从富裕、小康陷入赤贫，即所谓“家庭脆弱性”。

面对死亡，生活水平下降的现象在全世界都十分普遍。这不是耸人听闻，发生在身边的这种事例并不少。

2018年曾经有一条社会新闻一度让网络躁动——一位名企的程序员某甲，被解聘后自杀身亡。

人们关注到了中年压力，关注到了劳资关系，唯独没有关注到主人公如何才能避免走到山穷水尽的地步。

某甲本科、硕士均毕业于985、211名校，又是IT这样炙手可热的专业，此后履历依然为绝大多数人遥不可及，名企十几年工作经历，在深圳有房、有车……

这样的人生经历是一个标准的励志故事，主人公属于社会精英人物。然而，社会精英做了一个人生急停，随后故事的结局在网络被爆炒。

据称，某甲的夫人是全职太太，父母则是没有养老金的农民。某甲一跳了之，留下亲人何以处之？

两个孩子不仅失去了父亲，家庭也失去了经济来源，还有两对无人奉养的老人，每个月压力山大的房贷留给孤儿寡母还是年迈的老人？妻子当然悲痛欲绝，悲痛让人欲绝，未来的生活却真的成了……

两个孩子、一个家庭的人生轨迹从此改变，所以某甲事件才如此刺目。细细想一想，身边这样的事儿少吗？

某甲是不幸的，不幸的又岂止某甲一个？

在交通事故面前，在恶性疾病面前，在自然灾害面前，个人又有多少抵抗能力？倏忽间一个人、一个家庭便丧失了一切。

明天和死亡，有时候真的不知道哪个先来。

不要以为自己是例外，死亡看似离我们很远，实际就在我们身边。生于此危世，命危如晨露，所有人都像生活在峭壁边缘，必须思考一件事——如果一旦不幸坠崖，家人该怎么办呢？

死亡定然可怕，但更可怕的是，有人忽视了通过理财配置对冲死亡风险的重要性。请一定要记住，死亡风险带来的财务冲击可以规避。

美国高收入家庭一般也具有很高的财富积累，由于财富的对冲作用，死亡风险对于高收入家庭影响并不严重。遗憾的是，中国家庭财富积累与有效对冲死亡风险的相关性很差，在很大程度上财富无法对冲死亡风险[1]。

财富不能对冲死亡风险（可以忽略家庭净资产在 3000 万人民币以上的家庭），这显然是一个有悖于常识的结论。知其然，方知其所以然。财富，尤其是存量财富并不能解决一切问题。

---

1 郭振华，《上海保险》，2018 年 10 月 20 日。

首先我们要知道：到底非正常死亡的概率有多高，哪个群体风险最高？

与网络报道相比，曾有学者做过相对严谨的估算。很遗憾，这个数字可能谁都想不到。2018年国民经济和社会发展统计公报显示，当年我国死亡人口为993万人，死亡率为7.13‰，这意味着每天有2.72万人离开人世。

无法有效应对非正常死亡风险，很大程度是源自一个众所周知的理由，所有人都需要通过储蓄应对未来医疗、养老等高额度支出。但是，并不是所有人都有这样的储蓄能力，更何况财富会贬值。

对普通家庭来说，“4-2-1”或者“4-2-2”的家庭结构特征，要面对的问题是：**五年内，每一个家庭都面临着不确定的收入变动；另一方面，五年内任何家庭的支出都是确定的。**

经济学理论上，居民消费要有良好的平滑性，有钱慢慢花，细水长流；现实却是另外一个样子，消费根本没有任何平滑性，积攒一辈子就为了突击完成几件事：购房、子女教育、子女结婚、父母养老、自己养老。

收入增幅未必大，降幅却未必小。唯独两点确定无疑，一是未来确定性支出是大笔的，30—60岁，哪一年都逃不掉；二是如今多收了三五斗，不必三十年后，等真用这笔钱的时候就能觉得三五斗无济于事。

正是上述原因让人们根本没有能力面临死亡风险的对冲。在这个问题上，千万不要自以为是，认为自己的家庭、自己的收入足以支撑一切。

再看一组数据，可能会颠覆人的三观，尤其是不相信自己处在峭壁边缘的人。当然，若干个“小目标”的成功人士家庭，不在我们讨论范围之内。

表 2-1　不同特征家庭的经济脆弱性程度及分解

	v_h >60%		40%< v_h ≤ 60%		20%< v_h ≤ 40%	
	比例 (%)	消费波动性影响占比 (%)	比例 (%)	消费波动性影响占比 (%)	比例 (%)	消费波动性影响占比 (%)
低收入家庭	18.69	93.31	11.49	90.73	37.06	85.57
中低收入家庭	14.78	93.53	14.09	90.31	36.89	87.52
中等收入家庭	15.16	93.05	18.07	90.26	32.03	88.33
中高收入家庭	16.74	93.22	23.44	91.01	21.73	88.22
高收入家庭	23.18	93.29	21.29	92.10	15.67	87.14
2 人家庭	8.97	92.93	4.18	91.93	6.30	88.67
3 人家庭	21.50	93.32	23.38	90.84	37.25	87.19
4 人家庭	15.58	93.11	13.74	91.67	26.70	87.55
5 人以上家庭	7.35	93.50	5.29	91.75	11.47	88.32
25—34 岁	26.37	93.96	18.72	92.25	33.06	89.16
35—44 岁	26.24	93.42	25.02	91.19	37.33	87.89
45—54 岁	15.03	92.79	17.30	90.16	26.15	85.70
55—64 岁	3.58	93.19	5.03	90.85	16.03	84.67
初中及以下	14.09	93.06	9.55	90.37	26.23	85.62
高中及中专	17.98	93.24	16.28	90.72	31.03	87.09
大专及以上	20.51	93.46	26.06	91.20	28.26	88.17

颠覆常识的第一个结论是：富裕人家和普通人家，哪一个更难对抗意外死亡风险？人们往往认为赚钱越多的家庭更容易面对家庭成员意外死亡，就算出现这种情况，只要有钱一切都好办。

很遗憾，真实的答案与此正好相反。

总体看来，**国内各收入水平家庭由死亡风险引发的家庭经济脆弱性均很严重。随着收入的增加，经济脆弱性程度越高。换句话说，赚得越多，一旦出现家庭主要成员死亡，回到原有生活水平的概率就越低。**道理很简单，赚得越多，相应消费就越高，负债就越多，一旦出现风险事件，后果不堪设想。

更糟糕的是，高收入家庭收入来源往往集中在一个人身上。道理也很简单，赚钱和养家不能一人兼顾，一个人顾家，赚钱的担子自然落到另一个人肩上。这样的家庭，收入越高就越难抵抗意外死亡带来的风险，君不见一场流感就能折叠一个一线城市中产家庭。意外出现，消费水平直线下降几乎成为板上钉钉的事实。

令人不安的第二个结论是家庭成员数量。一般情况下，家庭主要收入来源如果是3—4个人，将相当稳定，单一成员死亡风险将不构成重大冲击。很遗憾，在全世界任何一个中等收入以上国家，这都不可能实现。随着收入水平提高，一国劳动力进入市场的年龄会延后，家庭规模也会逐步缩小。

国内家庭脆弱性与家庭规模呈现倒U型相关，3人和4人家庭的经济脆弱性程度最高，可能的解释是家庭中孩子支出占家庭总支出的比例很大。一旦户主或配偶死亡，会严重影响家庭消费。5人以上家庭经济脆弱性程度较低，表明家庭规模效应能在一定程度上缓解经济脆弱性[1]。

---

1 唐玉生，《现代教育管理》，2020年1月15日。

现实中我们绝大多数家庭都是3—4人，城市基本没有5人的家庭。80后独生子女这一代尤其如此，一二线城市绝大多数家庭只有一个高收入成员，稳定但存在一定问题；三四线城市的小康之家的家庭成员工作都在体制内，收入也谈不上高，更不用说应对非正常死亡风险。

至于四个钱包，靠的是多年积蓄为下一代家庭添把柴火，哪怕是最高的额度，每月退休金也不可能超过1万元，这点钱能维持自身生活、应对个人健康风险就不错了。更糟糕的是，老年丧子历来被视为人生最大的悲哀，下一代非正常死亡风险带来的打击无论从感情上，还是从经济上都无法接受，在家庭内部不可能共御风险。

第三个考虑的因素是家庭成员年龄。通常来说，户主年龄为25—35岁的家庭经济脆弱性程度最高，户主年龄为35—44岁的家庭经济脆弱性程度略有降低，其余年龄段的家庭经济脆弱性程度明显较低[1]。

实际上并非如此。

25—35岁属于青壮年，收入一般呈增长趋势，即使家庭遇到非正常死亡的威胁也能有时间恢复。最简单的，生者会重新组织家庭，生活也将重新开始。

35岁之后工作和收入趋于稳定，家庭积累理论上也越来越多。很遗憾，上述论断在很多情况下只停留在理论上，35岁是家庭负债刚刚开始，近年来，随着家庭杠杆率不断增长，虽然家庭资产变得逐渐丰厚，但另

1《中国广告》，2015年5月15日。

一方面是负债以更高的速度增加，积蓄反而变得极少或者根本没有积蓄。

第四个因素是教育水平，结论也与大众认知正好相反。

户主受教育水平与家庭经济脆弱性程度呈正相关，也就是说，受的教育越高，死亡对家庭的打击就越大。

更糟糕的是，这一趋势基于教育水平单一家庭特征。如果不同家庭特征指标之间交互影响、交叉考虑，比如，受教育程度高的家庭其收入可能也相对较高，又是独生子女[1]，这样就有可能产生遮掩效应，也就是说，受教育程度较高的家庭可能收入更高，在两个因素叠加之下，这样的家庭时刻危如累卵。

尤其对社会精英层来说，985大学毕业，找份好工作，有份稳定收入，更需要关注非正常死亡风险，为自己和家人做好保障。

最后说一下，表中数据显示出不同收入水平、家庭规模、户主年龄和户主教育水平等家庭特征分类下，死亡风险给家庭消费水平带来的波动性非常高[2]，任何一个分类下该比例均高于85%。

换句话说，在任何一个群组，一旦出现死亡风险，人均消费能力会急速下滑，家庭几乎可以说肯定被折叠。

---

1 曹凯，《中国医院院长》，2019年1月1日。

2 盛涛，杨静逸，《教育现代化》，2019年12月31日。

理财，首先就要关注第一个问题——如果我死了，家人怎么办?

毕竟死亡对全世界任何一个人来说都是最公平的事儿，意外死亡则是每一个人、每一个家庭都必须面对的问题，无分贵贱良莠。风险管理虽然不可能降低非正常死亡概率，却能够让生者获得生活的保障与安慰。

应对死亡，最常用的工具有两个，储蓄和寿险。

储蓄这里就不说了，各个家庭就算收入相同，但有很多原因会导致存储能力不一致。两对夫妻，都在同一个公司，都是同一个职位，都有同样的收入，但是，一对夫妻是从农村走入城市，一对夫妻父母就是本地小康之家，两者储蓄能力就根本无法比较，很难去定量测度。

这里只说寿险。先来告诉大家，寿险是对冲死亡风险的重要金融工具，也是应对死亡风险最大的保护伞。寿险虽然不能打破那堵向上无限高、向下无限深、向左无限远、向右无限远的死亡之墙，但可以通过做空身体状况和死亡，以小成本、高杠杆获得巨额赔偿，当损害发生时，将伤害降低至最小。

平时积攒一点力，难时收获众人帮。保险通过集中个体的力量，完全可以弥补死亡带来的巨大冲击。

很遗憾，国内城市居民家庭寿险保障的拥有率仅为 15%（农村没有调查数据，可想而知，肯定更低），远低于美国家庭的 84%。

这样的数据起码说明，85% 的人非但未能通过寿险对冲死亡风险，就连寿险的其他功能也未享受。出现这样的结果，很大程度上源自投资者对保险的误解。请摒弃这些误解，给自己一份保障。

保险，最重要的理财工具

说清楚寿险，就要先说清楚保险。

很多人对保险印象不太好，很大一部分原因是对保险工具不了解。保险是个概率游戏，是最有效的风险对冲工具，是每个人都必须运用的杠杆工具。

先从经济学上一个经典的投资小故事说起。

假设本金 100 万，现在有两个投资方案：A 是每年 100% 赚 25 万，B 是 30% 的概率赚 100 万，但有 70% 概率一分钱也赚不到。

面对这样的选择题，你会如何选择呢?

从概率的角度说，A、B 两个投资方案预期收益分别是 25 万、30 万（30%×100 万 +70%×0），B 方案预期收益率比 A 高 20%。

按照经济学理性人原理，当然要选 B。

但在真实的世界里，面对百分之七十概率不赚钱的可能，绝大多数人会选择拿到确定的 25 万。因为这个世界上多数人都厌恶风险，宁可少赚钱，也不愿意不赚钱，用经济学解释属于风险偏好显凹。

尽管概率、收益、亏损可以很清晰地放在大家面前，但是，我们仍旧不能成为理性人。

投资决策过程中，并不是每一个人都能按理性决策，事实上感性决策与理性决策之间总存在一定偏差。有些产品，就是利用这样的偏差进行定价，赚取客户的钱。我们要做的就是识别这些偏差，做出最有利于自己的正确决定。

如同战场上的将军，作战之前有无数参谋提出无数方案，每一种看起来都有自己的道理，但是，最终的决策只有一个，结果只有一个。做决策的人不能仅凭直觉和感情，因为，结果是真实的，只有赚或者赔，胜或者负，生或者死。一念之差，天壤之别。

人活一世，如何修正生命中直觉和概率的偏差?

答案是保险，保险就是这样一个纠正感性判断和理性决策偏差的理财产品。

如上节所述，死亡必然到来，死神偶然光顾会给个人和家庭造成巨大冲击。随着年龄的增长，无论对于个体还是群体，死亡风险会急剧上升，特别是到了 60 岁以后，预期剩余寿命会直线下降。

死亡对人类来说是必然事件，但对某个体来说，死亡什么时候到来具有偶然性。死亡必然可怕，但整日忧心忡忡却是在杞人忧天。既然无法逃避，不如坦然面对。对于一位负责任的家庭成员来说，如何通过合理工具规避不利影响才是需要思考的问题。

在大数法则下，保险是以“我为人人，人人为我”的原则建立起来的以微小的代价对冲巨大个体风险的产品。从这个简单的定义来看，保险具有三个特征：**概率游戏，风险对冲工具，杠杆工具。**

保险是概率游戏

举一个航空意外险的例子，大家就明白了。出差旅行时，特别是第一次坐飞机的人，花30元买一份航空意外险就心安许多了。一旦飞机失事，家人将获得200万—300万元的赔付。

航空意外保险，是根据对飞机失事概率进行定价的产品，仅此而已。事实上，飞机失事的概率有多大呢？根据国际运输航空学的统计数据，这个概率远远低于千万分之一，比走路出现意外的概率还要低。如果你每天坐一次飞机，那么要一万多年才会遭遇一次空难。

从概率上说，航空意外险最重要的意义是给保险公司创造了收入，对消费者来说是一个赔钱的买卖。

对于保险公司来说，每1000万旅客购买航空意外险，就会收到3亿元保费，即便按照千万分之一的赔付概率，最多需要拿出300万即可。如此，保险公司毛赚将近3亿元，可见概率定价有多重要。

航空意外险，就是保险公司利用客户对航空事故概率的感性认知盈利的。其实在任何一款保险产品中，最基本的原理都是根据概率定价，计算产品盈亏。

明白了这个原理，继续说前面提到的死亡率，继而才能明白如何购买保险。

按照2018年7.13‰的死亡率，一位30岁男性如果每年花2000元购买保额100万元的定期寿险，对于保险公司来说，每一千用户收到的保费为200万，相应赔付的保额为713万元，这买卖保险公司每年赔513万元。

那么“人人都活在峭壁边缘”的问题就有了答案，这也是决策是否购买保险产品的重要参考。

在这里强烈建议大家购买**消费型定期寿险产品**对冲死亡风险。

所谓消费型保险，就是交完保费，就像花出去的钱一样，只有死亡发生、身患疾病等约定情况发生时，保险公司才会赔付，如果安然无恙，保险公司与投保人互不相欠，并不返还保费。

目前市面上主要的消费型保险产品有意外险、短期住院医疗险、定期寿险、消费型住院津贴与报销型寿险等产品。消费型保险产品一般具有低保费、高保额的特点，例如30岁的男性100元就可以获得高达100万元的意外死亡保障。

当然，对于消费型的产品来说，最终的保额不一定拿到，这意味着被保险人在保险期间内平安无事。

这不正是我们希望看到的情况吗？

同样，我们从概率游戏的角度分析重疾险。

为了营销，很多公司都宣传重疾险保障范围：100—150种大病、几十种中症或者轻症……事实上，绝大多数人根本不会得那些稀奇古怪的病，在所有致人死亡的疾病统计中，前十位的疾病占据百分之九十四左右。

表 2-2 2017 年我国部分地区城市居民前十位疾病死亡率构成[1]

死亡原因	百分比（%）
恶性肿瘤	25.97
心脏病	23.2
脑血管病	20.52
呼吸系病	10.98
损伤及中毒	5.82
内分泌营养和代谢病	3.34
消化系病	2.38
神经系病	1.25
泌尿生殖系病	1.09
传染病	1.01

既然是概率游戏，请记住，想要获得性价比高的产品，只要购买这十种疾病的保险即可。不但保费低，保额也会非常高。

事实上，保险公司不卖这种产品，因为这种产品保险公司不仅不赚钱，还要赔钱。这种超值的保险产品只能搭售，即，只有买保险公司更赚钱的产品，才能获得这款产品的购买资格。

这一点就像超市搞促销，最实惠的东西只为获得客户流量，获客是为了促销其他商品。其中，保险公司又利用人们的认知偏差，在宣传上做手脚，给客户提供更大保障范围的产品，其实在搭配着卖，以平衡盈亏赚取更多保费。

所以，大家以后购买重疾险不要贪大、贪全，主要病种获得保障即可，那种稀奇古怪的病，即便有了保险，意义也不大。

现实的理赔数据或许更具说服力，A 省某寿险分公司 2018 年的理赔

1 来源：《中国卫生健康统计提要 2018》。

报告中从侧面部分证实了上面的观点。

在疾病理赔案件中，女性用户比男性用户发生重疾的概率高，30 岁后发生重疾的概率明显增加，40—60 岁重疾占比最高。真实的理赔数据是怎样的？直接看下图。

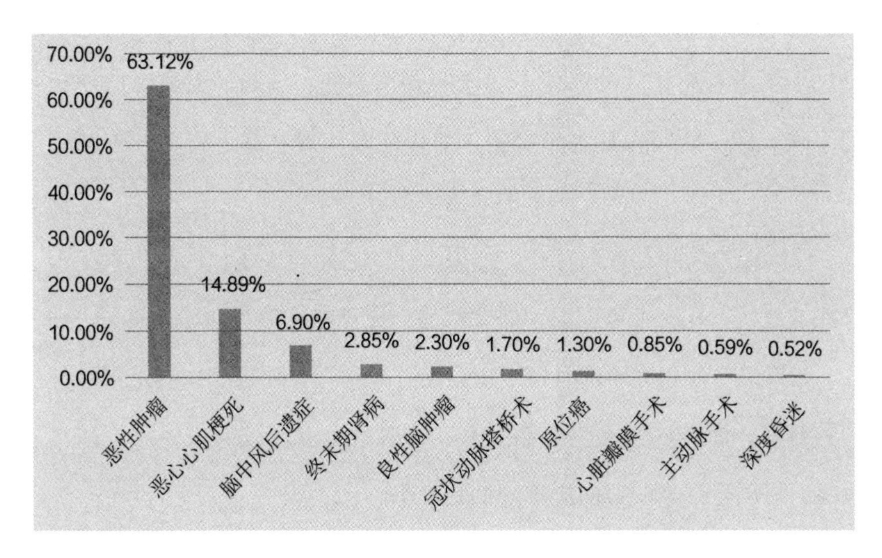

图 2-1　A 省某寿险分公司 2018 年理赔十大重疾

保险是风险对冲工具

所谓风险对冲，在金融学上指降低另一个投资风险的投资。课本上的解释总是那么枯燥，我们举一个简单的例子理解风险对冲。

一位股民持仓 100 万元沪深 300 指数基金，此时盈利已经超过 20%。但未来指数一旦下跌，盈利将化为泡影。任何人都希望，即便下跌也不用回吐这 20% 的盈利。

此时，可以做空一份对应的股指期货合约对冲风险、锁定利润。空单指数期货合约，将股市上指数下跌的“风险”作为标的，一旦指数下跌，股指期货将带来盈利，弥补股票上的亏损。如此，账户盈利下跌的风险就被股指期货合约带来的利润平滑掉了，最终达到锁定风险和收益的目的。

人生有风险。一旦降临在世间，死亡就是任何人都不可回避的，人类逃脱不了生老病死，也逃脱不了一些偶然事件。这些风险就像股票指数的下跌一样，任何人都不想看到，如果能有一份合约，将这些损害事件作为标的，能够对冲人生未来的风险该多好。

保险因为风险存在而存在，如果上述的风险消失了，保险也就失去了存在的意义。从这个角度说，保险就是一种对冲风险的管理工具。

如果说生命和健康的身体是持仓的“盈利”，死亡和疾病是对这种盈利的吞噬，而且这种吞噬必然到来，此时就可以通过购买保险产品对冲风险，将风险带来的负面影响降低到最小。

当风险事情发生时，保险产品可以让被保险人获得一定的收益或补偿，对冲负面影响给自己和家人带来的损害。

请记住，**对于死亡风险、健康和意外伤害，有且仅有保险产品才能做到对冲风险。因此，保险是最重要的理财工具，没有之一。**

严格的风险对冲管理中，对冲风险的投资要与标的数量相同、价值相当，方向相反，这样才能保证最后的盈亏相互抵消。但遗憾的是，人的身体和生命是无法用金钱衡量的，每个人对生命价值的定位也不同，因此买多少保额的保险进行风险对冲，具有很大的主观性。

保险是杠杆工具

投资杠杆就是以小博大，这和2015年杠杆导致的股灾让股民损失惨重截然不同。无论死亡、疾病还是意外伤害，对于个体来说毕竟是小概率事件，但它带来的损失却是巨大的。如果把保费当成一种投入，保额看作收益，收益是成本的数十倍甚至上百倍，那么保险就是低投入高产出的杠杆金融产品，用很小的费用弥补了“小概率大损失”的风险。

另外一个角度，中国人特别是老年人有给自己准备棺材本的传统。棺材本就是为了预防年迈之后的生老病死。与其说棺材本是为了给自己预防风险，不如说咬紧牙关存下的那点钱是为了给自己一份心安理得。

老年人的疾病、死亡带来的巨大花费，那点棺材本根本不值一提。更奇葩的是，绝大多数人把这部分钱放在基本没什么收益的银行里。如果算上通货膨胀风险，别说保值，这些钱恐怕还要亏损。

与其如此，还不如拿出其中的一部分提前为自己购买一份保险，不仅能获得风险保障，还能免除后顾之忧，提前享受物质生活。从这个角度看，保险相当于花小钱准备了未来的棺材本。

感觉是主观的，真实的理赔数字是理性客观的。

从平安人寿2018年的数据看，该公司A省辖内人身故理赔件均赔付只有8.1万元，重疾理赔件均只有6.2万元，残疾理赔件均只有3.6万元。在意外身故理赔的客户画像中，交通事故占比为51.89%，但有87.11%的用户保障在30万元以下。

现实的数据已经告诉我们，保险就是一个概率游戏，通过它的杠杆作用可以实现人生风险的有效对冲。最有效的保险投资理财方式是，最好能买到让保险公司转移你风险的保单。

接下来买保险就有学问了，不清楚里面的门道，可能就会出现这样一种情况：钱没少花，保险没买对。

买保险千万别贪便宜

买保险，有人说要认品牌，有人说认产品，有人说认价格……更有保险代理人、经纪人，甚至从业多年的保险公司职员说，买保险只认大公司的品牌这个观点严重“错误”，大公司的产品很坑，小公司的低价产品却诚意满满。

真的是这样吗？买保险要不要“贪便宜”照顾小公司呢？

很多代理人、经纪人给出的答案是肯定的，因为他们可以迅速拿出一系列证据，说我从业多年，研究着全行业的产品，所有大公司的运营成本、人员成本、职场费用、广告投入、股东利润都要远远高于小公司。紧接着，这类业务员又会丢过来一篇 10 万 + 的公众号文章，内容有图有表，有理有据，看着比某些心灵鸡汤写得专业多了。

先明确告诉大家，这样的观点根本就是一叶障目，只看到了表面没看到背后的本质，完全是一部分人为了拿到佣金的一套说辞罢了，与权健的保健品能治愈癌症那套说辞在本质上没什么区别。

从互联网上拿过来那些人的一些所谓论据，大家感受一下。

1. 广告费用支出多。

中国人寿、中国平安、中国太保、新华保险四大上市险企2016年广告宣传费用支出达241.61亿元，日均6619万元，同比增长56.5%，创历年新高。

四大上市险企的广告宣传费用依次为：中国人寿21.2亿元，中国平安172.46亿元，中国太保45.63亿元，新华保险2.32亿元[1]。

2. 增员费用多。

保险公司开展业务靠业务员，所以需要不断扩充营销队伍。不断地增员会增加人员成本，对于进入保险公司的新人，他们不能为公司赚钱，还会消耗一些额外的培训费用支出及补贴[2]。

3. 运营成本高。

大公司代理人多，内勤办公人员庞杂，办公场所的租金和内外勤的工资（佣金）自然也多，因此产品费率相对较高，而小公司在成本控制上手段更灵活。例如，通过减少或取消业务员队伍，将产品交给第三方保险中介平台销售，成本自然低。

4. 大型保险公司（一般特指某安）股东净利润高。

中国某安作为一家上市公司，每年的净利润有六七百亿人民币，每年给股东不菲的分红。这些净利润和分红来自哪儿？当然都是从每一份保单里赚来的，是从客户缴纳的保费中扣除的。

5. 大公司比小公司的产品价格高得离谱。

---

1 朱皓（导师：薛军），《云南财经大学硕士论文》，2020年6月23日。

2 李思凝（导师：蒋亚娟），《西南政法大学硕士论文》，2019年3月14日。

另外一组证据，来自产品价格的对比表。仔细一看，几乎相同的产品，但价格迥异。貌似真的像代理人、经纪人说的那样，小公司好，大公司都是坑。

表 2-3　大陆地区部分保险产品对比表

保险公司	香港友邦	中国平安	太平	太平洋	中国人寿	新华保险
产品名称	加浴智倍保	平安福	福利金佑	金佑人生	国寿终身升级版	健康无忧
保额	66 万元					
每年保费	17160 元	23166 元	27456 元	25146 元	20856 元	21120 元
缴费期限	18 年	20 年	20 年	20 年	20 年	20 年
总保费	308910 元	463320 元	549129 元	502920 元	417120 元	422400 元
保单金额						
60 岁	109 万元	66 万元	106 万元	96.2 万元	66 万元	66 万元
80 岁	258 万元	66 万元	180 万元	121 万元	66 万元	66 万元
90 岁	438 万元	59.4 万元	245 万元	122 万元	50 万元	50.6 万元

同样是保额 66 万的 30 岁男性重疾险，友邦一年的保费只有 17160 元（由于缴费年限是 18 年，和 20 年有差别，但不会差很多），最贵的太平人寿一年保费达到 27456 元，价格相差高达 60%。

看到这里，想必很多人会和我一样深深认同这些人的说法，并感谢他们如此细致的分析、为自己着想。

……

看了这些论据，仔细对比了市场上的产品定价，发现这些代理人说得确实没有错，小公司的产品确实比大公司同类型产品便宜很多。

凭着多年积累的经济思维和财经知识转念一想，总感觉哪里逻辑不对。

到底是哪里不对呢？

成本高低、效率高低，不能只看绝对数额，只要每增加一块钱成本能获得更高收益，当然要加大支出，为什么有钱不赚呢？

另外，净利润一定是从客户的保费“抠”出来的吗？专业人士应该知道，保险公司的利润来源更多是靠投资收益而不是赚取客户的保费，在乎保费收益的只有靠佣金吃饭的代理人。

其实，这里面存在一个逻辑陷阱，可以拆分为三个问题：

1. 如果上面的逻辑成立，有一家公司服务、产品保障和别人一样好，产品价格却很低，那么大家应该疯抢这家公司的产品，这家公司怎么会是小公司呢？

2. 如果产品价格低，各项成本也比同行低，净利润却不高，难道是因为股东或投资人不想赚钱，特意让利给消费者吗？

3. 能赚钱的公司就是好公司，为什么能赚钱的保险公司就不是好保险公司呢？

作出结论要全局考虑，不能一叶障目。费用的高低的确影响净利润，但净利润的高低也要看其他成本和投资收益。

由于很多小公司的财务数据找不到，在此以中国人寿、中国平安、西水股份（天安保险）、天茂集团（国华人寿）的保险业务收入为例进行说明。前两者指代大公司，后两者指代小公司。

先从财务报表数据上看（由于各家公司面临的政策环境没有差别，所以税费不作对比），整体上，我们可以得出以下结论：

表 2-4　四家保险公司部分财务数据对比表

单位：%

保险公司 指标	年份	手续费及佣金支出占已赚保费百分比	管理费占已赚保费百分比	投资收益占已赚保费百分比	净利润率百分比
中国平安	2015	14.46	32.22	33.39	10.52
	2016	17.82	29.44	24.84	10.17
	2017	20	24.38	27.21	11.23
中国人寿	2015	9.82	7.82	40.16	6.89
	2016	12.21	7.75	28.34	3.56
	2017	12.78	7.44	26.63	5.01
天茂集团	2015	–	–	–	92.84
	2016	3.22	14.19	88.31	18.29
	2017	4.28	3.58	19.55	5.02
西水股份	2015	16.59	36.02	116.81	2.43
	2016	17.75	29.25	150	1.08
	2017	20.43	28.79	100.64	8.06

1. 大公司与小公司相比，在各项数据上都非常稳健，而小公司波动性较强。

2. 大公司支付的手续费及佣金支出比例、管理费支出比例在行业内并不是最高的，反而说明大公司的业务员出单效率高；管理费用比例低反而说明他们的管理是高效的，降低了成本。

3. 投资收益是保险公司净利润的主要来源。

4. 前三列数据的高低（也就是市面上诟病大公司的那套说辞），并不影响最后的净利润，利润率的差异说明还有其他影响净利润的关键因素。

如果您能看穿其中的逻辑陷阱，恭喜您，您已经在投资的路上前进了一大步，学会理性思考了。

诚然，一些小公司（如天茂集团）的手续费及佣金支付比例、管理费用比例比大公司低很多，投资收益也要高好几倍，为什么最后净利润率很低呢?

管理费用低，其他支出未必低。

保费对于保险公司来说不是资产，而是负债，未来要向用户支付。另外，当用户某年决定退保时，保险公司需要在当年的支出里增加这部分费用。

根据上市公司财报公布的数据，天茂集团 2017 年、2016 年两年的退保费占已赚保费的比例高达 48.87%、57.21%（大家想想为什么会退保呢？）。对于中国平安来说，这个数据稳定在 3% 左右；中国人寿的这项数据在 20% 左右。如果按从众的思路，答案已经很简单了，那就是不能买小公司的保险产品。

顺着理性的思路，已经很接近答案了。

保险公司赚不赚钱受佣金、成本费用的影响，也要看投资收益和退保费多少。除此之外，财务报表上的每一个分项都会影响最终的利润率。所以，保险公司和其他公司没有任何区别，净利润的高低是一家公司经营、管理、投资收益好坏的判断依据之一。

这个问题或许可以换一种问法，答案就会清晰很多。为什么同类型的小公司产品，价格要比大公司便宜很多，给人一种大公司很坑的感觉呢?

这就涉及保险公司的经营策略。

在保险市场上，市场份额被头部大公司占据，小公司为了提高市场占有率和业务规模，通常采取偏离标准费用的低价策略。

对于大公司而言，已经形成了完整的产品体系、服务体系、业务体系、管理体系和投资体系，风控各方面都非常规范，能够确保公司在盈亏平衡之后争取利润最大化。小公司在竞争中处于不利地位，为了扩大市场规模，提高市场占有率，一般采用低价策略抢占用户。对这些小公司来说，只要营业收入 > 风险成本 + 变动营运成本，收入能保证公司的运营即可。

最常见的低价策略有四种方式:

1. 在短期内，为了追求保费规模或市场份额目标，小公司可能会通过降价来获得保费超常增长，这将降低公司利润水平，甚至导致公司亏损[1]。从长期看，这种方式肯定不可持续，这些小公司恰恰以短期行为为主。

2. 在小公司，对于无法达到大数定律或保险期限过长的产品，比如说长期人寿保险、长期重疾保险、年金保险等，因无法预估风险，只能拍脑门决定（毫不夸张），并通过再保险分散风险。至于客户的保障利益，那是几年、几十年之后的事了，远没有当下占领市场重要。

3. 对于达到大数定律，风险成本明确已知的保险产品，如车险、意

---

1 郭振华 . 行为保险学系列（二十）：偏离标准理论的保险定价行为及其解释（上）. 上海保险，2018 年第 10 期 .

外伤害保险、定期寿险等，由于小公司缺乏市场信誉和品牌，只能通过降价销售来获得保费，亏损的窟窿只能由股东资本来弥补。[1]

低价优质固然好，那么，请大家问自己一句，如果股东和资本的钱像小黄车一样烧没了或者断供了，公司还能靠谁？

4. 道德风险，欺诈定价甚至形成庞氏骗局。为了获得保费增长并保证表面意义上的利润，极个别保险公司或其业务部门故意低价承保，最后通过“做账”掩盖公司的未来赔付成本，导致欺诈性定价。公司的亏损不是通过补充资本来满足偿付能力，而是通过“做账”和“借新还旧”的手段形成庞氏骗局。[2] 当然，目前我国的监管体系很严格，这种情况发生的可能性极低。

除此之外，保险公司还有一种隐形的降价手段，例如，放宽承保条件。

同样的重疾险，有的产品可以带病投保、告知条款少、免体检、年龄范围广，实际是放松了承保条件。保险公司承担的风险因素多了，没有提高产品价格，这就是在变相降价。虽然对消费者是好事，但我要告诉你，承保条件的放松，必然导致保险公司赔付率的提高，最终影响公司的经营。

同样的保障和服务，产品价格低，经营者拿到的利润少一些，消费者不是应该更受益吗？

从传统意义上看，的确如此。比如手机，同样是正品保障和服务，有价格更低的为什么不买？

---

1 郭振华．行为保险学系列（二十）：偏离标准理论的保险定价行为及其解释（上）．上海保险，2018 年第 10 期．

2 郭振华．行为保险学系列（二十）：偏离标准理论的保险定价行为及其解释（上）．上海保险，2018 年第 10 期．

请大家注意，刚才说的是“传统意义”上，而保险产品不是“传统意义”上的商品，保险是金融产品。传统意义上的商品从付钱交货那一刻开始，交易行为就基本完成了，完成了马克思所谓的“惊险一跳”。

恰恰相反，**保险产品的服务是从产品销售之后才刚刚开始，合同签订那一刻，保障才刚刚开始。**

对消费者来说，买保险最重要的不是把钱花出去，而是在未来遭到风险时能够得到补偿和赔付，这才是保险最大的意义所在。

对用户（或者说消费者）来说，最后这一环的好坏才是真正需要的，而这和一家公司的经营情况有非常大的关系。

保险、保险，保后无险，而不是通过保险赚得多少钱。

公司经营得好，才能更好地服务用户，如果一家公司不赚钱、连年亏损，万一哪天关门大吉了呢？代理人、经纪人肯定要说你杞人忧天。同样的保险保障，谁都会从心底想选最便宜的。至于保险公司关门，那是不可能的，在现行法律中经营人寿保险业务的保险公司不能破产。

说到保险公司不能破产，这就提到了监管和法律，这里面的规矩还得给大家讲明白。

保监会对保险公司有一项综合评价指标，俗称“偿二代”，被称为保险业的“巴塞尔协议Ⅲ”。这个体系用来监控保险公司的偿付能力，是保监会对保险公司监管的核心指标。

不管公司规模大小，目前指标基本都在红线之上，但是各家公司离红线的距离是不一样的。

关于“偿二代”大家可以不懂，只需了解公司距离红线的距离不同，意味着不同的偿付水平，这与消费者息息相关。距离红线越远，偿付水平越高。其中道理很明显，因为实力，才获得了高偿付能力。

有学者曾经做过排名，自 2015 年该指标实施以来，至少有名气的大公司总体及各分项指标排名都很靠前，而一部分小公司甚至达不到要求。

买保险就是买保障，买安心，那您说，同样的产品，应该选哪些公司？

一旦遇到系统性风险，距离红线近的公司肯定先击穿最后的底线。于是有人说，《保险法》规定，人寿保险公司不能破产，合同的权益有保险保障基金兜底。无论买了哪家公司的保险产品，最终一定能履行合同。

公司的目的是赚钱，如果每家公司都抱着底线思维去经营，抢占市场，把法律上的兜底条款作为最后防线，肆无忌惮地以低价产品吸引客户，客户在短期内看似得到了实惠和好处，但从长期来看，整个行业整体抵御风险的能力必将降低，一旦有系统性风险因素出现，最后的底线一定会被击穿。

届时，即便有兜底条款，恐怕也没有兜底的能力。如此，最终受到损害的还是客户的权益。

法律的确有兜底条款，但这里想说的是，法律的目的是监管而不是为了给谁兜底、收拾烂摊子，用户权益的保障最终还是要看公司自身运营情况。如果所有公司都抱着底线思维，最坏的系统性风险出现，大家无暇自顾，监管的兜底将没有任何意义。真到了底线的时候，那就是“覆巢之下无完卵”。

退一万步讲，即便最后到了跌破底线的时候，大公司的客户因为公司本身实力强，权益将会得到更多保障。

说到这里，上面的问题基本清楚了：买保险要关注品牌，而价格并不是影响购买的决定性因素。至于个体消费者究竟如何选择，在保障、品牌、价格、服务等因素之间作出一个权衡，那又是另一个科学且烦琐的过程。

第3章

保险、保险，保而无险

市面上没有一张保单能涵盖所有风险。如果有销售这么告诉你，请参考我们给出的标准答案。

保险如何“拼多多”：保险产品的配置思路

如今在电商领域拼多多不但成功突破了阿里巴巴、腾讯、百度构筑的互联网行业壁垒，而且以“拼着买，更划算”的广告词名震电商江湖。

拼多多拼着买是不是更划算不知道，但对于保险产品来说，必须要“拼多多”。不同的是，大家在拼多多上要跟别人一起拼，在保险产品上要自己跟自己拼，就像火锅里的菌类大拼盘。

保险，为什么要拼着买?

首先，个体面对的风险多种多样。比如，吃口鱼被刺扎到住院；规规矩矩开车，却被路上的汽车关照，轻则出险，重则重伤；疾病的到来，住院医疗花费；老年人的养老风险……

按事件发生根源划分，人一生主要面临的风险可以分为自然风险和社会风险。

自然风险主要包括风雨雷电、地震火灾、冰雹洪水等。最关键的是某一个个体在自然灾害面前毫无抵御能力。比如，2008 年震惊中外的汶川地震造成 6.9 万余人遇难、1.7 万余人失踪，直接经济损失超 8000 亿元，但保险理赔却只有十几亿元，明显不足以应对如此巨大的自然灾害造成的损失。

社会风险与人类自身属性息息相关，对某一个具体的个人来说同样无法抵挡。人与动物最重要的区别之一就是具有社会属性，某一个具体的人必然有着认知缺陷，或者说某一方面的知识空白，都将面临着从天而降的社会风险。最常见的，婚前、婚内财产的区分界定与管理，债权债务风险的规划，税收的规划、遗产的传承、企业老板的雇主责任等，都可以通过保险解决。

其次，单一保险产品保障目标单一。市场上保险产品虽然很多，但是，各个公司产品之间同质性很高，单个产品保障的风险更单一。意外险只保意外，重疾险的保障重点在重大疾病，定期寿险针对人的生命，住院医疗险只报销住院期间的医疗费用等。没有哪一款保险能把全部的风险因素都囊括进去——如果真有这样的产品，劝你千万不要买。

为什么?

因为商场促销打包卖商品，肯定比自己去市场对比拼着买贵，保险公司同样如此。看似保障很全，其实这样的保单只是附加了很多产品一并卖给你，某些产品比单独在市面上买要贵很多。

我们已经分析了保险的特征，根据大数法则，保险在同类风险中按照精算结果进行定价，如果多个保障强行合到一起，虽然保障看似多了，但问题也随之出现，最重要的风险计算和精算定价就成了难题。所以，意外险只保意外，重疾险只保障重大疾病，医疗险只赔付住院医疗费用，诸如此类。

总之，**市面上没有一张保单能涵盖所有风险。如果有销售这么告诉你，请参考我们给出的标准答案。**

再次，各家保险公司不同的保险深度和密度决定客户必须拼着买。每家保险公司的实力不同，可销售的产品种类和数量必然不同，这就是所谓保险深度和密度。如此，客户在一家公司可选择的可能性总是有限的，这要求投保人买保险不能局限在一家公司。

各家保险公司的经营策略不同，优势产品也不一样。同是白酒也有酱香型、浓香型、清香型、董香型之分。跟白酒行业一样，有的保险公司主打人身保险，有的保险公司主打财产险。在人身保险中，有的公司可能重视发展重疾险，有的保险公司投资型是拳头产品。即使同样的产品，客户的需求也是不一样的，有的客户注重服务和体验，有的客户关注价格，有的客户看重品牌。

对于客户来说，去商场买衣服都知道货比三家，保险这种关系后半生生活质量的产品，当然要比一比、看一看，选择最适合自己的、性价比最高的产品。

如此，拼着买无疑是最好的策略。

最后，要告诉大家一个业内公开的秘密，很多附加险要比单独购买同类型的产品贵很多。所谓附加险，就是在购买主险时购买的补充产品。

去专柜买洗面奶的时候，卖家一般会赠送两张补水面膜。此时，赠送的面膜就相当于附加险。当然，客户的附加险是买来的，而不是保险公司免费赠送的。

最常见的附加险形式，是在购买年金险或者万能险时，附加购买住院医疗险。大多数消费者在决定购买附加险时，一是已经认同了这家公司和产品，二是在代理人的劝说下想获得更多保障，三是一站式配置图方便。

代理人不会告诉你的是，部分附加险比单独购买其他公司的产品要贵。一家超市海报上宣传的促销产品确实不赚钱甚至亏损，但是，超市里其他商品肯定不会如此，而且一定能靠客流带动其他产品销售，把亏损补回来。超市就是靠海报吸引客流，赚消费者买其他商品的利润。

以某知名保险公司官网上某款少儿年金险为例，在主险中附加 10 万元保额的重疾险（80 种重大疾病加 20 种轻症）之后，年保费增加 292 元。而另一家公司单独售卖的重疾险（70 种重大疾病 +35 种轻症）在同等保额和缴费期限下，年缴费只有 132 元。

更夸张的是，这家公司官网上单独售卖的一款按年缴费的少儿重大疾病保险，售价只有 68.5 元……

说到这里，买保险要不要拼着买，已经不言自明。

知道了保险要拼着买，下一个问题，应该如何拼着买呢？

按照马斯洛需求层次理论，人类需求从低到高依次包括生存需求、安全需求、社交需求、尊重需求与自我实现需求[1]，购买保险产品也应该是这样的。

跟任何事情一样，保险理财也应该有三个种类，如果按马斯洛需求理论来分就是三个层次：消费型保险、报销型保险和投资型保险。

消费型保险对冲死亡风险，满足最基本的生存需求；报销型保险大多停留在安全、疾病两个层次，在人类心理需求中又要上一个层次，是安全需要；最高层次是投资型保险，不但能够转嫁人身风险，还可以在一定程度上抵御经济波动和通货膨胀带来的风险，是自我实现需求，处于最顶层。

保险产品都可以满足以上需求，保险的配置也应该符合马斯洛需求理论，生存、安全是首先要解决的需求，随后要解决疾病、意外、伤残身故等人身风险。在此基础上，我们要追求自我实现。

按照这个原则，下面我们先拼出几个保险产品组合，不过每个人跟每个人都不一样，这些组合也仅供参考。

必备款

《三体》中有句三体人的名言“什么时候生存成了天经地义的事儿”，在这个世界上，人类生存本来就不是“天经地义的事儿”。呱呱坠地之后，人的首要目标不是“恭喜发财”，而是活着、活下去。

---

1 盛涛，杨静逸．教育扶贫视域下贫困大学生思想政治工作探析．教育现代化，2019 年第 6 卷 A5 期．

对任何一个人来说，死亡不仅意味着失去一切，还意味着丢下破碎的家庭和生者沉重的负担。生命之花一旦凋零，花开花落、草长莺飞，世间一切都与逝者无关了，特别是成年之后的死亡，损失将更大。所以，我们首先要对冲的、必须对冲的，就是死亡风险。很多人并不是不在意死亡风险，而是不愿意面对死亡风险。

对冲死亡风险的最佳工具就是定期寿险。

这种寿险按被保险人投保时年龄、保额、保险期限等因素确定保费。未来几十年内一旦身故或者全残，可以获得保险公司的赔偿；如果被保险人期满后仍活得龙精虎猛，善莫大焉，保险合同失效，也不会退还保费。

定期寿险一般具有高保额、低保费的特点，以30岁男性购买30年期100万保额的定期寿险为例，如果选择30期按年缴费，互联网上有很多产品的价格在1700元至2100元之间。每月也就是一顿饭钱、几包烟钱，就能获得100万的身价，何乐而不为?

购买定期寿险首选消费型，经济条件好的再考虑生死两全险（死亡或者到期，都能拿到钱，当然费率也更高）。购买定期寿险我们对冲的是死亡风险，所以尽量将缴纳保费的期限拉长，降低单次缴费金额，一方面可以对冲通货膨胀风险；另一方面是一旦出险，就不用再缴纳后期保费了。

这类消费型保险必须要买，不存在谈判的可能性，这一点已经明确提出，如果您没买，赶紧去买。这类保险是保险产品最基础的设计，没买消费型保险就跑去买投资型保险，还号称自己懂理财和资产配置，那是相当可笑的。这相当于连一套房子都买不起的人去买玛莎拉蒂。至于究竟要购买多少投资型保险，得先看自己买了多少消费型保险，如果前面的险种大致齐全了，再说后面的事情。

加强款

定期寿险是每个人必须要买的保险产品，却也不必一蹴而就，随着年龄的增长，保险公司经营管理水平的提高和预期寿命的提升，未来定期寿险的保费或仍有降低的趋势。对于刚入职的年轻人来说，压缩缴费期限带来的是缴费的压力，肯定会降低生活质量。

因此，定期寿险可以根据个人能力，购买 10 年或者 20 年期限的产品，等收入提高或者这些产品到期后再重新配置。

并不是所有意外都会导致死亡，更多的意外导致伤害或疾病。生、老、病、死，人生谁也绕不开的四种经历，排在死亡之后的便是疾病。无论疾病还是意外，最终的结果都是导致人住院、医疗费用支出。所以，有了定期寿险之后，一定要配置一款百万医疗险，对冲其他意外和疾病导致的治疗费用。

百万医疗险属于报销型的，二三十岁的人每年保费在二三百元左右（由于是年缴的，所以随着年龄的增长费用会增加），不但每个人都能负担得起，而且保障高达四百万到六百万（大多数人保额不必贪高，住院花费一百万还治不好，就应该享受生活了），只要住院，足以应对任何疾病和意外导致的医疗费用支出。有了百万医疗险，再也不用转发朋友圈爱心筹款了。

升华款

百万医疗险既能保险意外、小病小灾产生的住院医疗费用，也能分担重大疾病住院治疗产生的费用。这里要强调，在患重大疾病的前提下还想要享受高品质的生活，务必要升级自己的保障，在前两款保险配置的基础上，要配置一款重疾险。

纠正一个普遍的错误观念：重疾险是预防重大疾病的。

重大疾病花费高、死亡率高，大家身边患重大疾病的亲朋好友并不少见。正是基于这样的客观事实，不管代理人还是消费者，都拼命兜售重疾险，而且保费不菲，少则一年几千，多则一年几万数十万，以获得几十万上百万的重大疾病保障。

买了重疾险，大病治疗费用无忧也！

这么想的人一定要记住，这是完全错误的观点！

错误观点将导致错误的投保，最终导致结果偏离预期。

正如平安人寿城镇居民患病的数据所示，重大疾病的发生概率相当高，因此重大疾病险的费率非常高，属于轻奢商品。哪怕 10 万元的保额，每年也要几千元的保费。即便如此，10 万元的保障根本不足以应对一场重大疾病产生的费用。如果继续抱着对冲重大疾病风险的观念提高保额，那么花费将再上一个台阶。

所以，购买重疾险首先要纠正错误观念，**重大疾病不是用来保障疾病的，而是保障患重大疾病之后的生活质量不降低，保障康复、营养费用。**

一旦患重疾，个人支出必然陡增，收入必然减半甚至降低为零。手术成功后，还会伴随漫长的康复期和巨大的营养、恢复、陪护费用，这些费用都要自己负担。失去了收入，家庭的生活质量必定受到实质性的影响。

与百万医疗险不同，重疾险都是给付型的，只要确诊了重大疾病，保险公司就会赔付（不管是否拿着钱去治病）。因为之前已经配置了百万医疗险，患重疾的住院医疗费用可以报销，而确诊重大疾病后保险公司赔付的费用，就是对收入降低、康复营养费用的补充，以保证生活质量不降低。

至于购买重疾险的保额多少，根据个人的消费能力、目前的收入水平权衡即可，一般十万至几十万不等，不必一蹴而就。

享乐款

如果说前面的保险组合是为了满足生存需求、安全需求，那么这里要说的储蓄型的年金险、万能险、分红险就是为了满足更高层次的尊重需求和自我实现需求。

这类产品除了自身的保障功能，兼具投资和储蓄功能，能够平滑生命期收入支出，一般以复利计息，连续滚存，时间越长，日后获得的收益越大。

由于是储蓄性质，所以这类保险买得越早储蓄越多，复利的时间越长，最后获得的保障越多。但大家要记住买储蓄型保险的一个前提，就是已经拥有了前面几款保险，而不是直接购买这类储蓄型保险。

最后，让我们来总结一下保险产品的配置思路：保险必须拼着买；保险必须从低层次到高层次依次配置；先买消费型、保障型的产品，再买投资型产品。买保险是一个资产配置与规划的科学过程，不能拍脑袋决定。**以上提供的几种拼着买保险的组合，至于最终决定配置哪些产品，又受到自己所处的生命周期、收入支出、家庭成员以及未来计划等因素的影响。**

一旦找到合适的产品，就要尽早配置，毕竟年龄越大风险因素也越多，保费也越高。

买保险容易，交钱即可，但保险又与普通商品不同，从交钱那一刻起，考验保险公司服务的时刻才刚刚开始。

可在现实中，一旦客户交了钱交易就算结束了，有时候甚至连当初卖你保险的业务员都找不到，至于后期的服务，总有公司出尔反尔让人难受。

真遇到这种现象，如何维护自己的权利？

两招绝杀恶意行径

坏人之所以坏，是因为总想不劳而获，侵占别人的利益。但是，坏人不会把“坏”字挂在脸上，反而一副亲热样，就像卖保健品的甚至喊老人爸爸妈妈。这个道理在保险业内是一样的，每家保险公司都在标榜自己的服务和售后，现实情况是，总有部分保险公司和工作人员让客户从交钱之前高高在上的上帝掉到交钱之后的地上。

不同公司服务真的不一样，先说自己的一次亲身经历。

2018 年年底我给自己追加了一款百万保额的定期寿险，再三嘱咐客服寄送纸质版合同，回访的工作人员满口答应。可左等右等，还是见不到合同的影子。最后打了七八次电话，比答应的时间晚了好几天，差点过了犹豫期才给寄过来。

所谓“犹豫期”就是在一段时间内即使购买了某种保险产品也可以反悔退货，反悔之后可以全额返还保费，所有保险的合同中都有这一条款，一般情况下在 10—15 天左右。别小看晚的这几天，其实是某些无良保险公司的伎俩。一旦过了犹豫期，客户的权利将遭受重大损害。前几年某些代理人，为了佣金和业绩，故意截留合同过了犹豫期。

退一步说，晚寄送几天合同其实也不影响什么，这么一个小细节代表了保险公司的服务质量，答应的小事都不能做到，以后理赔怎么能让客户放心呢?

这还不是过分的，更有甚者，刚买的保险，业务员直接拒绝退保。

就在我买保险后不久，家人通过某寿险公司电话渠道买了一份终身重疾险，对方说得天花乱坠，明确表示说犹豫期内可以免费退保。

当时家人也没有咨询我，就直接付款购买了。

这家公司合同寄送倒是挺及时的，后面的服务真的是差极了。看完合同家人感觉不合适，决定在犹豫期内退保，对方的业务员竟然直接说不能退。

不买不知道，谁买谁吓一跳。

这样的保险公司听说过、没见过，这次也是领教了，幸好家里还有我这懂行的。我教给家人两个招式，直接秒杀该业务员，对方还亲自打电话赔礼道歉。在这里，跟大家一起分享之，或有裨益。

请记住，这两招是笔者从从业者那里学到的独孤九剑，无论什么保险公司、什么无赖业务员，只要用这两招，都会乖乖低头“认罪”，如果态度恶劣，说不定恶有恶报，受到上峰的严厉处罚。

第一招是直接与总部沟通。

为什么会有这样的业务员?无非两个字——利益。电话销售业务员，其工作的目的就是通过电话寻找客户、销售保险、成交赚取佣金，如果没提成了，他怎么生活？保单牵扯到销售的收入，谁也不想让煮熟的鸭子再飞走。

换位思考，如果自己是业务员，未必不会这样做。所以，有些业务员就使出了威逼利诱的法子，能不让客户退保就不退保。除了损失提成，业务员还要搭上邮寄合同的快递费。遇到像我家人这样一位客户，不但赚不到钱，反而会亏钱，谁心里会舒服？

如果客户都这样，一个月下来恐怕工资都不够快递费。所以，这里提醒大家，买保险一定要慎重决策，避免给他人造成不必要的麻烦。

但是，自己的利益，不能让的坚决不让。口头上说、合同上也规定犹豫期可以无条件全额退保，这本就是合同要件，怎么能置若罔闻？

跟业务员谈可能是鸡同鸭讲，完全不可能达成一致。那么，就换一种方式，真的遇到相似的情况了，直接跳过业务员，找到该保险公司总部电话（一般是 955 开头的五位数号码），找到投诉部门，说清缘由即可。

总部员工虽然与业务员是一条船上的，但对制度更为敬畏，遵纪守法意识和服务意识较强，最重要的，他们的利益与查处违规成反比，这些人在具体某一个保单中拿不到收入。只要是合情合理的诉求，一般都会照章办事，不会掺杂私人情感。对他们来说，制度就是指令，按令执行即可，无他；如果不按制度办事，也无他，跟着一起受罚，所以，不会站在业务员的角度。

在这里要对两点做专门提醒：一是在打总部电话时，一定要说清楚投保人的姓名、产品名称、缴费时间、业务员工号等关键信息，问清处理时间周期，避免保单过了重要期限；二是做好证据留存，比如在与业务员和总部工作人员电话时进行电话录音，如果整个公司的服务都很差，解决不了自己的问题，那么就用第二招最强有力的武器。

第二招是直接拨打银保监会（局）的投诉电话。

保险公司是金融机构，是持牌机构，业务准入是特许经营，如果不遵守监管部门规定，就会被处罚。每家金融机构都有自己的监管机构，银保监会（局）就是每家保险公司的行业监管机构，没有一家公司敢明目张胆违反监管机构的规定。

同时，查处违规行为也是银保监会（局）的职责所在，看看它的介绍便知：银保监会是国务院直属正部级事业单位，其主要职责是依照法律法规统一监督管理银行业和保险业，维护银行业和保险业合法、稳健运行，防范和化解金融风险，保护金融消费者合法权益，维护金融稳定。[1]

看看银保监会这金字招牌和职责便知，这才绝对是保险消费者手里的尚方宝剑，哪怕是鸡毛蒜皮的小事也应为消费者做主。

保险业高速发展过程中聘用了一些不合格的代理人，这批人在一定程度上影响了保险业的形象。为了改善消费者的认识，监管也做了很大努力，其中最重要的转型就是处理投诉完全站在了消费者这一边。

不信？

看看业内经常流传的一则小故事便知：某业务员约定某日晚上八点与客户处理理赔事宜，晚上八点该业务员按照约定与客户通电话，结果客

---

1 朱皓.心理契约视角下曲靖银保监分局职工激励制度研究.云南财经大学，2020.

户自己把这事忘到了后脑勺，打起了王者荣耀的排位赛。

正当关键时刻，业务员的电话来了，原本的优势被逆转，客户的角色被反杀，最终导致客户吃了败局，丢了排名。业务员百般解释，客户仍难消怒气，一气之下便打了银保监会消费者投诉维权电话12378，将该业务员投诉了。

令人大跌眼镜的是，银保监局居然受理了。

故事的结局比较圆满，这名业务员也是王者荣耀的高手，随后带领该客户组队，赢得了比赛，重新拿回了排名，客户撤掉了投诉。

如此奇葩的投诉都能受理，并且站到客户一边，那些正常的投诉更不在话下了。不管这则故事的真实程度有多少，只是想告诉大家：**自己的权利一旦受到侵害就应该坚决维护**。这里提醒大家一句，银行的工作人员侵害了您的权利，同样可以拨打这个电话维权。

自己的权益要维护，但是，不属于自己的权益就不要麻烦监管部门了。

某地保险公司为占领市场，售卖一款人身保险，以该公司的品牌和产品的低定价，很快在客户当中赢得了口碑和市场。

业内还流传这样一则故事：某日公司收到一则来自监管机构受理的投诉，某女性客户当初没找到该产品，未投保，导致如今出险无处索赔，认为是公司的责任，要求该公司按照正常程序索赔。

无论从法理上还是从情理上，这事的来龙去脉及责任都很清晰，保险公司完全可以有理有据地拒绝这名客户的无理要求。可事情的结果却令人唏嘘，保险公司花钱息事宁人，安慰自己说“这名客户幸好当初没买咱们的产品，否则赔得更多”。

依法维权是每位消费者的合法权利，但不能滥用权力，更不能像这位客户一样耍赖、撒泼。希望看到的保险公司工作人员和监管层，也引以为戒，共同维护保险的公序良俗。

任何市场都包括买方、卖方和监管者，市场规则需要大家共同维护，这样才能实现帕累托改善。保险市场的口碑被一些人做坏了，需要保险人做出更多努力和牺牲，监管者也是其中之一。

此时，监管机构更应该秉公执法，把一碗水端平，关注消费者，也要关注从业者。如果矫枉过正，那么市场效率同样会受到损伤。

退掉那些“亏钱”的保单

对于生意人来说，如果没有买卖，就无所谓盈亏。换句话说，只要存在交易，任何一个市场都存在盈亏。

很多人投资股市，一旦建仓往往会天天盯盘，观察股价走势。保险就不同了，相当一部分人买完保险产品之后便对之不闻不问，以为万事大吉，安枕无忧。有人把保单放到了抽屉里，有人把它锁到了保险柜里。每年都在缴费，缴费也成为一种习惯，至于买的是什么保单、获得了怎样的保障，几乎到了全然不知的地步。

盈亏是需要检视的，自己不关心，没人会告诉你赚了还是赔了。买保险，买的就是安心，钱交了就能安心?

答案当然是未必。

既然是交易，保险的买卖必然存在盈亏，理财如果连盈亏都不知道，如何能称得上是理财?

在股票市场投资中有“斩仓”一说，意思是一只股票如果亏损到一定地步，必须毫不犹豫将之抛出，不能优柔寡断。既然保险产品也是一种投资，就应该像炒股一样，砍掉那些亏钱的持仓，避免损失进一步扩大。

所以，作为理财规划的必要环节，作为对冲风险的重要手段，作为生活质量的最后屏障，一定要随时检查手里的保单，坚决处理掉那些“亏钱”的保单。

保单怎么会有“盈亏”？

所谓保单“盈亏”，确实不像股市能直接算出来赚了（亏了）多少钱，而是一种相对概念，所以很多人对此漠不关心。之所以说盈亏，为的就是方便大家理解。

通常来说，保单“亏损”有两种表现：**一是保费倒挂，二是相对“亏损”**。

先说保费倒挂。**所谓保费倒挂，就是所缴纳的保费总和超过了获得的保障，保险以小搏大，保费倒挂就成了以大博小。**

保费倒挂的现象一般存在于储蓄型的养老保险、健康医疗险、重疾险中，在高龄投保的客户中更容易出现。

众所周知，保费与年龄和风险因素成正比，年龄越大，患病概率、死亡概率都会提升，保费也就越多。随着年龄的增长，特别是对于 50 周岁以上的人，如果此时购买保险，不但保费高，保障还很低，不管是储蓄还是投资功能，都会大打折扣，甚至出现保费倒挂的现象。到了 60 周岁以上，即便想买保险，很多保险公司的产品都会拒保。

买保险为的就是以小博大，将风险转移给保险公司，保费一旦倒挂，风险不但转移不出去，自己还往里贴钱，这种亏本生意岂能做得？

为了避免亏损的发生，建议在能力允许的情况下，保险还是应该尽早规划的好，以免得不偿失。如果没能提前规划，建议 60 周岁以上的老人就别想着给自己买保险了。稳健为主，以其他理财产品来应对未来医疗和养老的风险或许才是最好的选择。

那么，接下来的问题就是：如何避免保费倒挂，又该如何计算？

很简单，首先看被保险人是不是高龄投保，如果年龄在 50 周岁以上，不管别人怎么说，自己心里一定要有底：高龄买保险出现保费倒挂的概率非常大。心里绷紧了这根弦，就能避免别人的忽悠，避免保费倒挂的现象出现。

另一个方法，可以根据缴纳的保费与将来获得的保障进行对比，如果两者大同小异或者未来获得的保障都比不过最普通的理财产品，那就应当尽快处理掉这款保险，而不是继续缴费。

以互联网上热卖的一款重大疾病保险为例，50 周岁的男性购买 10 万保额的终身保障的重大疾病保险，如果缴费期为 10 年，则每年的保费为 6801 元，十年总保费高达 68010 元，虽然总保费没有超过保额，但如果将这笔钱投入到年化 7% 以上的理财产品中，十年期后总收益也超过 10 万元。

7% 的年化收益很高吗？

头部的 P2P 平台，抑或股票市场上的指数基金很容易达到。

如果投保该产品时，投保了恶性肿瘤持续复发和投保人豁免附加险，那么每年的保费将提高至 9813.29 元。总保费高达 9.8 万余元，最终的保障却只有 10 万元，这样的保险，还有必要买吗？

互联网上还有一则网友吐槽的例子：家长在 2008 年给 3 岁的孩子投保了某保险公司的康宁终身保险，年缴费 730 元，十年缴纳 7300 元，保额却只有区区 1 万元。如果选择在缴费十年后退保，却只能拿到 4000 多元。

与保费倒挂相比，保单“相对亏损”形式更加隐蔽，也更难识别，在这里我们也跟您聊一聊。

有时候我们会碰到这样的情况：购买保险时，无论保障还是服务，从哪个方面来说这款产品与市面上其他产品相比，都是数一数二的，一般情况下，投保人眉头也不皱一下就拍板买下。

然后，然后就没有然后了……

投保人以为自己买到了最好的产品，将保单束之高阁，自己每年乖乖地缴纳保费，做着保单到期后享受收益的美梦。

在这里，我告诉大家，这种做法最危险。

这倒不是说保险公司不负责任或者虚假宣传，而是时移世易，投保人未能与时俱进。须知，保险不是股票，股票尤其是短线炒手特别关注一两天、一两周的变化，很少有散户投资者持仓一只股票半年以上。但是，保险产品通常有动辄十几年的保险期间。

在一个日新月异的世界，焉能有十几年不变的东西?

保险定价是由风险因素和市场竞争等多方面决定的，是综合计算后的结果，这些都是可变因子，不是不变因子。

那么，问题就来了。

随着医疗条件的改善，生活质量的提高，人们对健康的重视程度越来越大，预期寿命也会不断提高，某些风险因素并不绝对随着年龄的增长而增长，甚至会降低。预期寿命一旦延长、风险因素一旦减少，产品定价必然会降低。

此时，新出的产品定价或许会低于原来的产品，即便价格上相差无几，新产品提供的附加服务可能会更多，比如专家预约门诊、就医绿色通道服务，前几年购买的保险产品就没有这些服务，如今早已相当普遍。

原来的产品定价缴费在面对同样的新产品时，就失去了竞争优势，如果继续缴纳保费，那么原来的产品相对新产品就是“亏损”的。所以，对于手里已有的保单，我们要时常拿出来与市面上的产品做做对比，进行一下“体检”，坚决退掉那些“亏损”的保单。

退保肯定亏损，交了那么多钱，一旦退保将拿不回三瓜俩枣，怎么办?

的确如此，但我要提醒大家，资产配置要去除沉默成本，考虑机会成本。**退保肯定会亏损，但决定是否退保，不应该由过去决定，而是看未来。如果新产品的性价比和保障能够完全覆盖甚至超过退保产生的亏损，你还会犹豫吗?**

事实胜于雄辩，咱们还是用案例说明。

小 A 在前两年购买了一款重疾险（保至 80 周岁，重疾 80 种，中症和轻症分别包含 20 种），保额 50 万元，选择 20 年缴，年缴保费 17170 元。如果按期缴纳保费，总花费高达 343400 元。

如今，另一家保险公司推出了新产品，同样是 50 万元的保额，保障期限扩展到了终身，重疾扩大到了 100 种，虽然轻症只有 50 种、自己年龄也涨了两岁，但同样是 20 年缴，年缴保费却降低到 10837 元。如果重新投保，总保费只有 216740 元。

已经购买的产品，虽然已经享受了两年保障，但如果选择退保，最后几乎拿不回多少钱，损失确实很大；如果继续如期缴纳保费呢？和新产品比，最后不但多交 126660 元保费，而且享受的大病病种、保障期限也大打折扣。

孰优孰劣，一比便知。

继续交旧保单的钱，与新产品相比自己就是“亏损”的，而此时你要做的，就是坚决退掉那些“亏损”的保单，享受新的保障。

这里要提醒大家一句，不是所有保单都可以这样比较。

买保险是件慎重的事，退保更需要谨慎。要不要选择替换，要参考价格和保障因素，更要看自己的身体状况，如果期间有生病住院情况，或者由于身体条件出现拒保、加收保费的可能，替换就会得不偿失。

另外，如果已经缴费多年（5 年以上），再进行这样的比较，意义也不是很大。毕竟，年龄增长后保费也随之大幅提升。

第 4 章
问世间，房为何物

曾经，有一次真实的买房机会摆在面前，我没有珍惜，等到失去的时候才后悔莫及，人世间最痛苦的事莫过于此……

房地产总论：涨跌阴阳

改革开放以来，中国人获得了巨额财富，否则也不会满世界买买买。根据《2018 年全球财富报告》，截至 2018 年末，中国家庭总财富已超过 50 万亿，仅次于美国，位居全球第二。

您可曾想过，我们的财富到底是什么？

西南财经大学发布的《2018 中国家庭财富健康报告》给出了答案：中国城市家庭户均总资产为 161.7 万元，其中 77.7% 都是非金融资产——住房。所以，在我们讨论理财的逻辑里，房地产是仅次于保险的项目。规避完最大的风险后，接下来的目标，就是讨论如何对待最大额度的财富——房地产。

无可否认，无论哪一个城市，大部分家庭最大的财富是房产。我们的财富存量是房产，我们的财富增量也主要来自于房地产。面对最大一笔财富，十余年来不断有人抨击房价过高，无论是谁，无论有理无理，只要批驳房价过高，总能在网络收获无数掌声。

无可否认，房价确实偏高，但“花开生两面，人生佛魔间”，高房价同样带来了巨量财富。

众生无名，人们一方面抨击房价过高，另一方面又以有房、有很多房为荣，大家是否想过，这到底是为什么？

正本才能清源，开始之前先要回答一个问题：房子是不是真正的财富？

中国古有“以末致富，以本守之”之说，所谓“本”就是土地；西方古典经济学之父亚当·斯密认为，劳动是财富之父，土地是财富之母；当代经济学认为劳动、企业家才能、土地是全要素生产率中最重要的三个要素，房产如何不是财富？房地产在英文中被称为“real estate”，众所周知，real的汉语直译是“真实”的意思。房地产是不是财富，结论还不显而易见吗？

显而易见的问题，却不断有人论证房地产是虚拟经济，是资金自我循环，甚至努力去收集材料证明房子根本不是真实的财富。

问世间，房为何物？直教人生死相许！

让每个人都能生死相许的东西、值得所有人一生奋斗的东西，居然有人盼着它贬值？可曾看到有人盼着手中的货币、黄金、珠宝、古玩贬值？如果有人说您的珠宝、玉器、古玩是假的，根本不值钱，您还不得跟人家玩命啊？

同样是财富，却用两套思维对待，何解？

用鲁迅先生的话回答很贴切：大约是怀着嫉妒吧。抨击房价高，不过是觉得自己手中房产少，没赶上财富这班列车罢了。

难道不是吗？

网络上不断流传着某打工仔拆迁户家中分得七八套房的传说，人们乐于在茶余饭后谈论这种化腐朽为神奇的神话，幻想有某种超现实的力量也让自己成为别人口中的主人公；对高房价痛心疾首的同时，暗自跟朋友较劲多买一套房、买一套更大的房，如此，便可生活在亲友一片艳羡的眼光中，活成自己羡慕的样子……

至于如何看待高房价，还是那句话——**最重要的是当下**。房价已然如此，依旧选择不相信？

子曰：所信者目也，而目犹不可信；所恃者心也，而心犹不足恃。

正确的问题应该这样问：高房价为何让我们变得富有？

理财的逻辑里，财富获得有两个途径：一是利息，二是资本利得。房地产增值靠的是资本利得，不是利息。

所谓利息，您可以理解为银行理财产品收益、存款利息，或者用象牙塔里的经济学解释，实质是利润的一部分，是收益的一种形态，具体到房地产行业就是房租。从这个角度看，房地产的价值在于获得房租，赢得财富。

所谓资本利得，您可以理解为股价上涨、房价上涨，您在低买高卖之后的差额收益。如果用象牙塔里的经济学解释，投资工具买入与卖出差价，即转让价值（proceeds of disposition），具体到房地产就是买房卖房获得的收入。

在任何一个时代利息都遵循算数算法，资本利得则遵循几何算法，增值速度根本不在一个维度上。

最直白的解释，中国有 1 亿股民，哪一个是真正为了获得年底利息分红？不都是为了获得股票买卖的差价，获得资本利得吗？

同理，以自住的房子为例，早一天买下来不是为了省掉房租（房租比房款利息便宜很多），而是为了将来不花更大的价钱。

关于房地产市场房租与房产增值之间的差距，我们给出一种可能的解释：要形成真实需求，购买力、购买意愿二者缺一不可。租房市场是普通人的市场，由普通人的平均收入水平决定，在租客收入没有大幅提高的前提下，房租很难大幅度上涨；房地产买卖市场购买力、购买意愿由社会精英层平均收入水平决定，一个城市收入最高的阶层将形成本地房地产市场购买力、购买意愿。高收入者的收入增长速度总是高于低收入者，他们的需求也强于低收入者，因此，房价的上涨速度总是快于租房和工资的上涨速度就不足为奇了。

末流之竭，当穷其源。

请不要对当下视而不见，只有透视当下，不为当下所迷，才有可能走出当下，走向未来。惧怕高房价，在很大程度上是因为惧怕未来的不确定性。投资者需要知道，金融市场中唯一的确定性就是不存在确定性，但是房地产市场不是虚拟经济，也就不会遵循金融市场的逻辑。透过并不遥远的中国房地产历史，我们可以看到，房地产始终处于一个长波涨幅。图 4-1 描绘了 1987—2017 三十年中国房地产市场趋势，连一个波峰还没有出现，一只这样的牛股为什么不买入、持有呢?

须知，金融市场中有一条基本定理：趋势一旦形成，逆转就需要时间。某种财富的趋势一旦形成，人们就会在潜意识中形成路径依赖，从而促使价格继续沿着原来的方向运行。

逆转日线形成的趋势需要以“交易日”为单位的时间，同理，逆转年线形成的趋势，一定需要以“年”为单位的时间。虽然股市和房市有诸

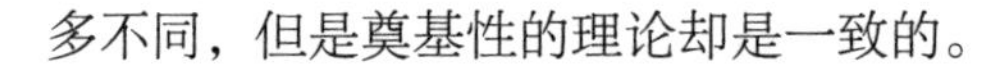

多不同，但是奠基性的理论却是一致的。

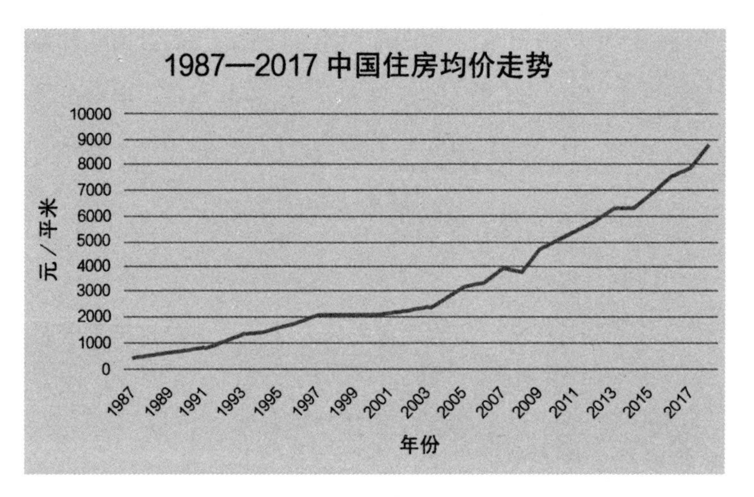

图 4-1　1987—2017 年中国住房均价走势图 [1]

未来市场的走向难道还看不明白吗？提醒一下，图 4-1 给出的数据可是年线，至于你能读出什么，又准备如何去做，全靠对当下的自悟。

至于您非要说中国没有经历过一个完整的经济周期，所有数据都是基于经济上行期之类的反驳的话，我只想说，这难道不是杞人忧天吗？

如果中国的数据只是个例，那么全球性数据尤其是发达国家和地区的数据则更具备说服力。

诺贝尔经济学奖获得者罗伯特·希勒 (Robert J. Shiller) 曾对美国过去 123 年的房价走势进行研究，发现只有 28 个年份房价是下跌的，95 个年份房价上涨，其中最大累计 33% 的跌幅发生在 2007—2011 年的金融危机期间，而过去却有三次十年翻倍的大牛市行情。也就是说，美国

1 根据国家统计局发布的《国民经济和社会发展统计公报》综合整理。

从建国至今的二百多年房价始终是螺旋式上升，人们只记得西方市场的房价暴跌的灾难，殊不知过去一百多年没有买房才是最大的灾难。

耀眼的东方明珠，香港百年来房价也始终处于一个螺旋式上升态势，房价走势大开大合，并不改变上涨的大趋势。1981—1984 年，房价三年累计下跌三成，随后 13 年私人住宅价格指数飙升 8.84 倍；1997 年亚洲金融危机后，香港房市六年跌幅超过 60%，但从 2004 年至今是长达 15 年的牛市……

凯恩斯说，长期来看，我们都将死去。但在我们死去之前，房地产业不会比我们死得更早。

人类一路走来，产业有荣辱兴衰，无数曾经辉煌的行业终归寂寞，但是房地产业就是一轮永不落山的太阳。只要地球上有人类存在，就需要栖身之地，关于房地产投资的主题将永恒存在。

这个世界上，有人活在未来，有人活在当下，有人活在过去。在房地产市场，有人住在未来，有人住在当下，有人住在过去。

想一想北上广深的二手房，有多少是三十年前甚至年限更久的？住在其中的人们哪一个不想奔向现在？

想一想北京、天津、青岛、沈阳民国年间建造的依然岁月静好的小洋楼，那是百余年前的建筑，百余年前其主人已经生活在未来了。

从古至今，有多少人想从现在奔向未来？

财富增值哪里强，“六个钱包”靠买房

枝叶之枯，必在根本。

从金融理论根基来说，房地产增值的根本原因在于通货膨胀。通货膨胀并不是一个贬义词（真正对经济产生损害的是通货紧缩），即使最保守的芝加哥学派也赞成温和的通货膨胀——通货膨胀率应该与自然经济增长率一致[1]。

在这一点上，芝加哥学派太理想化了，甚至走向了极端，打着市场的旗帜反市场——市场资源配置最优的通胀率岂能由人类给出？所以，通胀率飘忽不定，但总体上超过自然增长率也就成了常态。

曾经有人计算过，2013 年的 13.43 美元才相当于 1929 年的 1 美元，80 多年货币的购买力贬值 90% 以上。与此同时，美国的房价年化增长率超过通货膨胀率。

这一进一退意味着，如果一个人持有 1 万美元，几十年后货币缩水

1 自然经济增长率也称为潜在经济增长率，一个国家或地区各种资源得到最优和充分配置情况下，所能达到的最大经济增长率。一般来说，芝加哥学派不赞市场调节资源，反对凯恩斯主义政策，主张货币当局给定明确的通胀率，并严格遵守之。

只剩下不到 1000 美元；如果当初将 1 万美元买房，则财富至少增值到 12.33 万美元。将持币与买房的情况进行对比，则持币者较持房者财富至少相差 123.3 倍。美国是西方最发达的国家，这个道理其实可以推广到全球通用。

持币 or 买房？已经不言自明。

无论对一个人、一个家庭还是一个国家，货币都不是真正的财富，货币必须转换为财富，最终积累下来。

在全球各地，房地产都是一种最常见的财富积累，相信这个道理大家都明白。大家没有注意的是，只有消费能力才真正代表一个国家的福利水平。消费能力提高是需要基础的，财富积累是财富创造的前提条件，手里有了钱，才可以大胆去消费，去创造更多的财富。近年来中国人为什么敢于走出国门，到世界各地买买买？就是因为享受到了房地产上涨带来的财富效应。

具体到中国，这种财富积累甚至带来了经济发展的奇迹。

中国房地产市场的真正形成始于 1997 年东南亚金融危机。众所周知，当时我们的产业模式还是“三来一补”，为避免国际金融危机对国民经济的冲击，1998 年《国务院关于进一步深化城镇住房制度改革加快住房建设的通知》（国发〔1998〕23 号）正式印发，通过住房刺激消费需求、扩大内需，对冲外贸下滑的风险。由此，房地产成为中国经济新增长点。

此后，房地产就像一匹奔驰的骏马，拉着国民经济这辆车不断前进。诸多行业与房地产息息相关，水泥、钢铁、五金、家居建材等，这些行业上下游又有诸多产业，正是这个长长的产业链带动了就业、创造了GDP。

2003年后，房地产业作为中国经济发展支柱产业的地位正式被确认，为中国经济立下了汗马功劳。

给出一组数据，否则您也许想不到房地产对中国经济贡献有多大。2017年中国房地产业GDP为53851亿元，在GDP中的比重为6.5%，建筑行业占GDP的比重为6.7%，即便不算房地产行业带动的其他行业产生的经济效应，房地产业为国民经济发展作出的贡献也可见一斑。

经过几十年的发展，中国人将货币以房地产的形式转化为财富，居民个人和有房的家庭也在这场财富浪潮中获利多多。

曾经有人提到过一组数据：美国自有住房率为60%，德国为40%，我国则高达85%。根据相关研究报告提供的数据，住房资产在家庭总资产中占比77.7%，而这一数据在美国则为34.6%。

这样的结果直接导致中国家庭的财富迅速上升。截至2018年，家庭户均财产达到了161.7万元，其中大部分财富来自房地产的贡献。换句话说，过去几十年房价上涨，对于个人和家庭的最大好处是充实了“六个钱包”。

无奈有人提出“六个钱包”时却收获了无数口水，须知古训“忠言逆耳利于行”啊。

所谓“六个钱包”，就是夫妻双方的父母、祖父母和外祖父母的钱包。

樊纲说“六个钱包”时，本意是告诉大家能凑够首付最好还是买房子，早一天买房，早一天受益，不再饱受高房价之苦。

良言相劝，却被媒体断章取义：房价太高了，只有掏空“六个钱包”才能买得起房；年轻人奋斗一生，最后只能啃老、啃双方父母以及祖父母的棺材本，啃完老人，养老又该何去何从；没有“六个钱包”，就别想买房子了……

批判“六个钱包”的言论瞬间刷爆网络，大家对“六个钱包”的说法深恶痛绝。鼓噪式批判可以宣泄情绪，却不解决任何问题——深恶痛绝之后呢?

大概也就停留在深恶痛绝的层次，没法再进一步了。

不知道大家有没有想过，其实樊纲的说法正是在告诉人们如何才能避免财富缩水，搭上时代财富列车。

真实的当下是这样的：用“六个钱包”买房者，不是“六个钱包”被房子掏空，而是“六个钱包”被房子装满。

现金是钱，房产就不代表钱了吗?

人类成长从来都是靠前辈积淀，从整体到个人、家庭都是一样的，想凭一己之力完成几代人的努力，这种想法很可敬，但很不现实。如果没有掏空“六个钱包”买房子，财富根本不会跟上时代增长的步伐，甚至最后还会缩水。

在未来房价上涨的过程中，有房者与无房者的财富差距将越来越大，毕竟普通人辛辛苦苦工作一年挣的工资可能都抵不过一套百万的房子一年上涨10%带来的收益。

换一种解释也许会更明晰。即使父母、祖父母将来需要钱养老，那到时卖掉房产也是一样的，最多回到之前无房的境地。而不买房、不把“六个钱包”充实起来，等到将来连房都没得可卖的时候，才是最悲哀的。

所以，我们这一节的题目就叫“财富增值哪里强，六个钱包靠买房”。

任何人都可以评判“六个钱包”理论的对错，但无论是谁都要尊重当下。当下最大的事实是，父母的钱、祖父母的钱也是钱，他们的钱同样需要保值、增值，而房地产则是最好的投资渠道。如果因为情绪忽略事实，不敢去伸手借钱买房，最终这些财富不但会贬值，自己还会错过上车的机会。

2015年房价上涨之前，一笔可以全款买三室一厅房子的钱，到今天恐怕只能作为首付，贷款买一室一厅。这不是比喻，不是笑话，不是痴人说梦，而是眼睁睁的当下，且适用于一二三四五线所有城市。

更具体的例子。2014年，某二线省会城市12万元可以在靠近核心城区的小区按揭买一套两居室，小A当机立断，向家里要钱买了房子，而小B舍不得父母为自己操心，没有向“六个钱包”伸手。当年年底房价大涨，如果小B再想买同等位置、同等大小的房子，就需要付更多首付、未来偿还更多房贷。

此时，即使掏空“六个钱包”也无可奈何了。小A与小B本来家境类似，个人素质大致相同，买不买房的观念只在一瞬之间，可差的却是几十万元。这个差距怎么弥补？人生差距就此拉开？

曾经，有一次真实的买房机会摆在面前，我没有珍惜，等到失去的时候才后悔莫及，人世间最痛苦的事莫过于此……

如果时光可以倒流，相信没人会犯下这种错误。之所以不敢动用“六个钱包”，除了个人情感因素外，一个重要原因就是没有看清房价运动的趋势。

接下来，让我们一起来把握房价跳动的韵律……

千年激荡说地产：从“居大不易”到“居易”

我们说最重要的是当下，但从来没说过不注重历史。

一个人、一个市场有着怎样的历史和当下，就会有怎样的未来，市场如人生，答案都在历史的轮回中。

看清历史，做对当下，未来才会改变。

房子贵并不是我们这个时代的特例，历朝历代，哪怕是文景之治、光武中兴、贞观之治等盛世都存在这个现象。“安得广厦千万间，大庇天下寒士俱欢颜”，可见自古至今天下寒士住房并不宽裕，所以诗圣杜甫才会有这样的感慨。

嫌房子贵不是杜甫的专利，更有名的当属名字自带房地产的白居易。贞元四年（788年），十六岁的白居易兴冲冲地来到长安，去拜访名士顾况。顾况打量了一下面前这位初出茅庐的小伙子，居然叫“白居易”，立刻来了灵感——打发他回去的灵感，成就了流传至今的房地产市场名言——长安米贵，居大不易。

接着，顾况翻开白居易的书稿，立即被毛头小子的诗词“离离原上草，一岁一枯荣”所折服，马上改口：“道得个语，居即易矣。”[1]

顾况的眼光很精准，这位年轻人 29 岁就中了进士。请注意，如今就算是清华北大的本科生也千万不要以“金榜题名”自居，让人家笑没文化。金榜题名只说进士，进士数年一考，每榜最多不过三四百人，岂是清华北大能比？

顾况的眼光虽然好，现实更残酷。人中之龙、32 岁就当上校书郎的白居易，堂堂六部官员就租住在一个叫“常乐里”的社区，鼎鼎大名的文豪有时候很羡慕背着房子的蜗牛和有洞可以藏身的老鼠。有诗为证：“游宦京都二十春，贫中无处可安贫；长羡蜗牛犹有舍，不如硕鼠解藏身。”

36 岁那年（公元 808 年），白居易升任左拾遗兼翰林学士，新婚宴尔，还是没买房。就在浓情蜜意之际，老婆提议买房，白居易只有才华没有钱，大笔一挥又写了一篇《赠内》，可作无房者之心灵鸡汤：“我亦贞苦士，与君新结婚；庶保贫与素，偕老同欢欣。”此后，白居易一直租房生活，有了孩子后从“常乐里”搬到了“昭国里”，后来做到地方大员忠州刺史，仍旧是无房户。估计妻子白杨氏忍无可忍，伟大的诗人才在老婆的最后通牒下，勉强在“新昌里”买了一套二手房。

白居易并非唐朝地产业高价孤证，中晚唐古文运动的奠基者、唐宋八大家之一的韩愈，官至吏部尚书、伯爵，曾作了这样一首不同于陆游的《示儿》激励下一代奋斗：“始我来京师，止携一束书；辛勤三十年，以有此屋庐。”意思是自己为官三十几年才买得起一套房。

---

1 唐 · 张固《幽闲鼓吹》。

除了大唐帝国，中国古代经济鼎盛非两宋莫属。北宋仁宗年间，中国人均 GDP 已经高达 2000 美元以上，这个指标直到 2007 年才被超越。但是，两宋的房子可不是《知否知否》里的重重院落。所谓“寸土寸金”的说法就是从这个时候来的，时人著《李氏园亭记》如此记载：“重城之中，双阙之下，尺地寸土，与金同价。”

寸土寸金到什么地步呢？

苏轼、苏辙与其父苏洵，唐宋八大家有其三，无论从哪个角度，苏家都是豪门世家，然而，堂堂“三苏”豪门世家居然在都城开封买不起房子。“三苏”中苏轼文名最盛，而苏洵职务最高，哲宗年间官拜门下侍郎，如此家室、如此成就，可苏家的住宅居然在开封的卫星城许昌——那个时代可没高铁。

白居易、韩愈、“三苏”都是不世出之人、名垂青史的文豪，如此人物从“居大不易”变成“居即易矣”也费尽移山心力，何况我辈？可见，自古至今经济繁华地区买一所房子都不是一件容易的事儿。

富人如此，穷人又当如何？

大家在老村落里见过土坯房，那不是古代的住房，更真实的情况是，连土坯房都没有，一家几口人只能挤在一间房里。所谓“房间”，就是在房顶和地面之间加一层，做成小复式的模样。

床不够睡怎么办？箱子、柜子拼成小床让孩子睡[1]。

---

1 清·陶毂《清异录》记载：“四邻局塞，半空架版，叠垛箱笼，分寝儿女。”

古代是这样，二十年前房地产没有暴涨的时候就更是这样。

今天北上广深的“漂族”抱怨房租高，可曾想过2000年贺岁片《甲方乙方》中那个没有房子的中年人?

剧情交代，他是北京人，却始终住在宿舍，他和妻子一辈子的梦想就是有套自己的房子，而这个梦想直到妻子去世也没有实现。换言之，大家今天尚可望房兴叹，而当年就连买房、租房的去处都没有，否则《甲方乙方》里那位也不至于去借葛优的房子实现梦想了。故事的结尾，女主临终时留了一句“不遗憾了”，可是，那套房子也只是个一居室。

二十年来，我们的住房一步一步宽敞明亮，生活配套设施一步步好起来，房价也一点一点高起来。于是，我们感到了痛楚。

因何痛，又痛在何处?

“以古为镜，可知兴替”，不如回顾中国房地产二十载兴衰史，方知过去二十年中每一天都是“买房的当下”，都有春日早起的机会。

1994年之前，在国家、单位统包的体制下，房子唯一的属性是居住。有人回忆那时的人们不发愁买房子的事儿，因为有单位、国家分配。至于是不是这样，咱们不必提起，历史已有公论。

随着经济的发展，矛盾越来越突出。一方面，财政、企业压力越来越大；另一方面，城镇化的路程是不可阻挡的。随着城市居民增加住房的需要不断提升，全国城镇人均住房面积居然由1950年的4.5平方米下降到了1978年的3.6平方米，还有一半城镇人口是缺房户。

情况就摆在这里，问题是如何改?

答案肯定是市场化。

任何市场化改革，核心都是承认市场定价功能。具体到住房来说，就是承认住房的商品属性，明确产权。一旦明确了产权，住房就要靠市场交易，而住房又是衣食住行中最昂贵的一种商品，必然要依靠杠杆；一旦杠杆出现，住房的金融属性也就被同时明确。

金融属于典型的双子座，一半是海水一半是火焰，运用得好则可以提高资源配置效率，运用不好则会造成风险，直至引发密西西比泡沫[1]一类的危机。

无疑，住房市场化改革是成功的，这就像打开了阿里巴巴宝库，不但解决了全国范围内的住房困难，更重要的是凭空赋予了人们一笔财富，拉动经济的各种产业开始随着房价上涨而腾飞。

就在这个时候，1997 年东南亚金融危机爆发了。

今天人们所不知道的是，房地产在 1997 年东南亚金融危机中曾为中国经济立下过汗马功劳。索罗斯一人战一国，亚洲四小龙经济大幅下挫，甚至日本、韩国经济也深受其害，而中国得以独善其身，很大程度上要归功于房地产。

1998 年 7 月 3 日，国务院发布《关于进一步深化住房制度改革加快住房建设的通知》，住房分配制被彻底丢进故纸堆，住房社会化、商品化、分配货币化逐渐成为主流，号称亚洲最大社区的北京天通苑小区、回龙观小区就是在 1998 年正式落成。

---

1 经济学家 Adam Anderson 在 1787 年记录的法国股票市场投机风波：法国股票自 1719 年 5 月开始从 500 里弗尔连续 13 个月上涨到 10000 多里弗尔，涨幅超过了 20 倍。1720 年 5 月法国股票指数开始崩溃，其后 13 个月跌幅为 95%。

道理很简单，要想迅速拉动经济，就需要最大的投资、消费（危机期间外需不振），住房既是最大的消费，也是最大的投资，又是人们的必需品。此情此景，振兴房地产，国家得益、个人得实惠，何乐而不为？

有了支持房地产业的动力，货币政策随即跟上。从 1998 年到 2003 年，货币政策明显带有宽松性质。1998 年开始施行稳健的货币政策，当年取消贷款限额，三次降息释放流动性，两次降低存款准备金率，以窗口指导的形式支持与住房和消费信贷相关的金融服务。到了 2001 年，中国广义货币余额达到 15.8 万亿，人民币贷款余额为 11.2 万亿元，同比增长 11.6%。

今人意想不到的是，虽然那时的货币政策如此宽松，可 2003 年之前房地产市场并无多大起色。因为，绝大多数人的意识里买房要用全款，即使借钱也要跟亲戚朋友借，至于从银行贷款，那更是从来没想过的事儿。也就是说，人们只知道住房有商品属性，却从未真正意识到住房有金融属性——买房是可以用杠杆的。

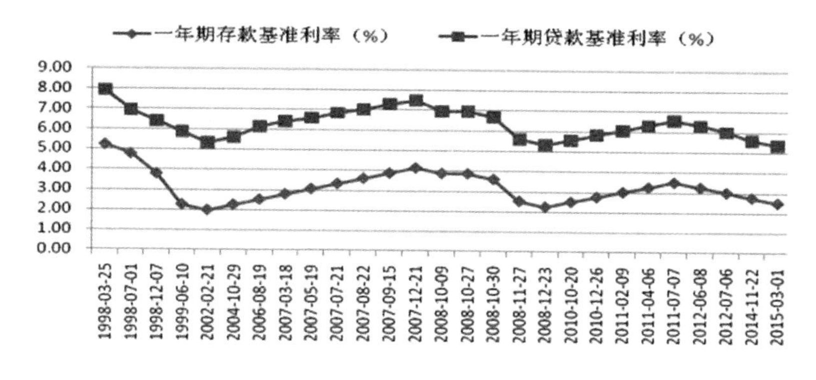

1998—2015 年存贷款基准利率走势图[1]

1 来源：根据公开数据整理。

我们分析过中国财富的四次浪潮，遗憾的是，这个金融意识尚未觉醒的时代，人们丝毫没有考虑过货币的时间价值，更不用说房价上涨之后的资本利得，尽管1978—1998年物价指数已经上涨了很多倍。

请一定记得，资本最能认清当下。

想知道哪个行业最赚钱，看看新增银行贷款流向哪个行业就知道了，各上市银行都会公布年报，相关数据一查便知。

宽松的货币政策之下，资金总要寻找新的出路，最简单的就是与当下最赚钱的产业结合。答案不言而喻，全国范围内，资金最好的出路自然只有房地产。商品房的销售额从1998年的2513亿元增长到2003年的7955亿元，2003年年底个人住房抵押贷款余额超过了1.2万亿。

信贷催化之下，中国房价飙升自2002年开始，2003年迅速上涨的趋势已经非常明显了。房价涨幅震惊了国人，人们终于开始意识到原来房地产价格涨幅可以这么快。

最重要的是当下。

如此涨幅，相当一部分人认为房价已经到头了，不但不可能再涨，反而很快就会下跌。更有人认为，2003年前如此便宜都没有上车，上涨之后上车岂不是很亏？当下已经亏了，还不想承认？不懂得敬畏，希望市场按照自己的想法运行，最终逆势而动，失误也就在所难免。

判断一个城市的房地产价格，任泽平曾经提到过一个方法：短期看金融，中期看政策，长期看人口。这种说法有一定道理，但还是有点学术化了。看待一个城市的房价不需要分短期、中期、长期，只需要看准当下，当下最重要的是房地产信贷政策：如果房地产信贷政策放松，短期内就会迅速上涨，等到中期和长期黄花菜都凉了。从金融属性来讲，房地产之供需，很大程度上是货币供需决定，而不决定于房屋库存、土地供应。

还有一个方法判断当期市场供需，如果新房市场供应以大户型为主，请别轻易幻想房价会下跌；只有小户型成为新房主流，房地产市场供需才可能趋向于饱和。只要市场供应以大户型为主，就证明这种产品还是奢侈品，旧时王谢堂前燕，还没有飞入寻常百姓家。

2007年的美国次贷危机在2008年发展成一场全球金融海啸，惊涛骇浪之下，原本火热的中国房地产市场突然遭遇滑铁卢，2007年深圳二手房均价由12358元下跌到2008年的10091元，跌幅高达22.46%——信心原来比金子更加珍贵。

严格来说，2003年以来的房地产上涨只在2008年出现过数月下滑，原因是外部冲击。当年，四万亿的救市计划出台，货币、金融政策转为宽松，仅仅数月，房地产市场就换了人间。

2009年房价和经济见底回升，土地市场再次火爆，政府关注到了房价过快上涨的局面，即便对开发商征收土地增值税仍未抑制行情的火热。

巨大的价格上涨空间必定带来巨额的利润，虽然房价的涨幅最多十几个百分点，但房地产市场自带杠杆，利润会成倍放大。钱不是谁都可以赚的，最起码在房地产这样一个重资本的行业，行业集中度一定会提高，小炒房客、小开发商一定会被挤出市场。

巨大的利润吸引了众多房地产开发企业介入，一些央企、国企开始凭借自身融资优势，在土地拍卖市场一掷千金。2010年，中国兵器集团、中国烟草总公司这样的央企巨头在北京频频拿地。

土地拍卖市场和商品房市场是自由竞争的，谁的资金优势更大，谁就是胜出者。高高在上的央企放下身段在房地产市场与成千上万家房企拼杀，最终杀出一条血路，迅速建筑出了自己的“护城河”，而这样做的结果是，土地拍卖市场频频涌现多个“地王”。

结局显而易见，整个市场的集中化程度更高了。面粉涨价了，面包必然涨价。土地一级市场的火热，促使房价在2010年进一步上涨，如此又会吸引更多资金进入房地产行业。如此循环。

从城市规划、城中村及棚户区改造，到拆迁开发以及商品房的销售，行业的门槛越来越高，一些房地产企业只能将业务下沉到三四线城市，避免在一线城市与这些巨头竞争。小开发商的日子越来越不好过，有的苟延残喘维持生计，有的只能被迫退出市场。

2010年出台更加严格的宏观调控措施，简单一句话总结就是各种“限”：限制二套房贷首付不低于40%，贷款利率严格按照风险定价；随后要求二套房款首付比例提高到了不低于50%，贷款利率不得低于基准利率的1.1倍；首套面积超90平米，首付款不得低于30%。即使如此，房价依然像一匹脱缰的野马，资金迅速聚集到房地产行业，哪怕是五线小县城，塔吊林立，鳞次栉比。

2011年出台的“国八条”更加严厉，但犹如扬汤止沸，市场依然持续火爆到了下一年。根据国家统计局当年发布的数据，2012年全国房地产开发投资71804亿元，比上年名义增长16.2%，房地产开发企业房屋施工面积573418万平方米，比上年增长13.2%。2012年12月末，商品房待售面积 36460 万平方米，比 11 月末增加 2893 万平方米，比 2011 年末增加 7752 万平方米。[1]

一轮又一轮的调控，最终的结果是房价越来越高。从 2014 年开始到 2015 年，全国 46 个限购城市除了北上广等 5 个城市外几乎全部取消限购。2015 年是房地产市场最火爆的一年，当年有 5 次降准和降息动作，放水力度前所未有，全国住房中长期贷款直接从 2014 年的 2.23 万亿增长到了 4.2 万亿，几乎翻倍。

从 2014 年到 2017 年，一二线城市的房价几乎翻了一倍。以北京为例，根据安居客的数据显示，2014 年 9 月北京房价为 36722 元，到了 2017 年 3 月达到了 61613 元，涨幅高达 67.82%。

楼市的火爆持续到 2017 年的“317 新政”，认房又认贷：首套住房首付比例为 35%、二套为 60%，暂停发放贷款期限 25 年（不含 25 年）以上的个人住房贷款……新一轮更加严厉的调控措施出台，火热的市场在短期急转直下……

回顾一千多年来的房地产市场发展之后，我们至少可以得出以下结论：

第一，房价之所以一直上涨，除了经济的增长必然带动物价上涨的因素外，根本原因是土地的稀缺性。在经济发展对土地需求变得越来越大时，土地一级市场掌握在政府手里，政府可以通过调节土地的供应控制土地的拍卖价格，进而影响房价。一级市场越垄断，整个产业的风险才

1 来源：《青海金融》，2018 年 2 月 18 日。

越小，利润也越容易最大化。

第二，房价整体处于“调控——上涨——再调控——再上涨”的周期中，在城市化进程完成之前，这种趋势不会结束。所以，那些看跌房价的死空头们，无非是没有搭上这辆财富的列车，想看房价暴跌的笑话，殊不知三十年来房价整体上一直在上涨。

第三，房地产行业作为一个产业，与其他产业没有任何不同，它的终极任务是为国民经济的发展和社会稳定服务。当它的发展影响到这个目标时，调控政策就会出现；当经济和社会发展的目标需要它时，扶植政策就会出台。无论调控和扶植，房地产业服务国民经济和社会稳定的大目标都没有变过，在找到新的替代品或矛盾彻底不可调和前，这一方向未来也不会变。

回归历史是为了洞察未来，那么，未来房价还能涨吗？

首先要明白，房价的高低从来不是由租售比、空置率、人均收入这些指标决定，而是由高收入人群的平均收入水平决定。

现实的情况可能比“二八定律”更残酷，君不见招商银行 1% 的金葵花客户贡献了 80% 客户存款。同理，房价也是由少数金字塔尖的精英人士的平均收入水平决定，相对于 13.9 亿人口，哪怕高收入人群的比例只有 1%，1390 万拥有高净值财富的人口，可以任意抬高任何地方的任何价格水平。

核心城市、核心地段、核心地产永远是稀缺资源，在供需矛盾下，地价一定会上涨。富豪手里不差钱，这种稀缺地产有限，有钱也买不到怎么办？只能向周围外溢，从市中心溢出到郊区、二线城市、三线城市……

谁也不能准确预知未来，我可以明确地告诉大家，未来富人会越来越多，对资源的垄断性会越来越强，二三十年内房价不会出现大的下跌。

有人说房地产税的出台必定对房价造成重大的冲击，其实未必。任何一种税收出台的最终目的都不是打压某个市场，而是增加财政收入的手段。如果这个市场没了，收入从哪里来？政府之所以对房地产市场进行调控，从来都不是希望房价下跌，而是不希望房价在短时间内上涨过快，破坏了社会稳定。

最后，我想提示一下房地产未来的风险。房地产最大的风险不是房价涨跌，而是流动性风险——卖不出去。

现在的房价真的很贵，确实如此，但大家要知道，房价从未便宜过。那么，如果想买房，应该去哪里呢？

全球买房哪里去，中国北上广深

全球买房哪里去，中国北上广深。对这个结论，我们将给出三条理由，也会给出房地产购买的相关建议。

没有比较就没有伤害，为何全球买房北上广深，我们给出的第一个理由是睁眼看世界。

国人曾经一度痴迷于港剧，BTV 的影视剧里香港人都住在半山别墅，随便是谁都有几百平方米豪宅。

众所周知，房地产是香港支柱产业之一。BTV 的影视剧中富豪的标志就是去买地，至于普通老百姓的住宅则非常局促。香港明星陈浩民曾爆料自己一家六口只有 120 平方米，小女儿都要住客厅。

120 平方米在香港已经是超级豪宅。“千尺大宅”是港人对豪宅的美称，一般只有政要、明星才住得起，所谓“千尺豪宅”折合内地面积不过 91 平方米。

根据港府公布《房屋统计数字 2017》，香港有 44.8% 的人住在公营永久性住房中，29.1% 的人长期租房。至于租房的环境，如果您见过所谓

“劏房”“棺材房”“笼屋”，就知道北上广深的小隔间有多美妙。

香港房价到底多贵？

香港市中心，也就是港岛区，2019年初的价格折合20万—55万/平方米，铜锣湾约折合20万—35万/平方米，中西区折合约18万—33万/平方米，影视剧中常出现的普通社区九龙折合8万-35万/平方米，最惨的新界最惨的房子也要4万—6万/平方米，高的也要15万左右（以上均为港币）。按均价来计算，香港核心城区房价均价在20万—30万港币左右，偏远的七八万、十几万港币，但郊区的房子很少有人问津。

有人说，香港房价贵是因为香港收入高，能支撑如此高昂的房价。

那么，香港人收入是多少呢？

根据港府公布的数据，2016—2017年港人月收入中位数为1.5万港元，月入3万以上即可成为全港收入最高的20%，只有不足20万个家庭年入超过百万。可见，香港根本就不是洗个碗就能一个月赚三两万的地方。

香港是一个成熟的城市、一个面向世界的城市，有东方明珠之美誉，更重要的是，这是一个成熟的市场，也不是一个只涨不跌的地方。1997年东南亚金融危机，香港楼市一年之内跌幅到达50%，香港明星钟镇涛因此破产，到2004年楼市已经跌去七成。

如今呢？

香港二手房交易贷款条件远比大陆严格，至少要5成首付，还要通过银行最严格的压力测试。在苛刻的条件下，2004年以来香港房价一路飙升，连涨15年。

如果探究香港楼市火爆的原因，人们无非是说香港经济发达、人口多、面积小，不然怎么能把房价翻上天？

这些都是主观印象，不如让我们用数据说话。

2018 年香港 GDP2.8 万亿港元，人口约 740 万人上下，陆地面积约 1100 平方公里，核心城区香港岛 78.4 平方公里、九龙半岛 46.93 平方公里、新界 975 平方公里。人多、地少，供需不平衡必然造成房价高涨。

那么，北上广深呢？

截至 2018 年末，北京市国内生产总值（GDP）30320 亿元，总面积 16410.54 平方千米，常住人口有 2154.2 万；上海 2018 年 GDP 为 32679.87 亿元，总面积 6340.5 平方千米，常住人口总数为 2423.78 万人；广州市 2018 年 GDP 为 22859.35 亿元，总面积 7434 平方公里，2017 年常住人口 1449.84 万；2018 年深圳市生产总值突破 24000 亿元，总面积 1997.47 平方公里，截至 2018 年末常住人口 1302.66 万人。

如今，北上广深的经济总量已经全面超越香港，人口自是不必说，哪一个都比香港大；至于城区面积，大家都差不多，香港核心城区的房价已经达到 20—30 万。至于未来城市的成长性，事实俱在，不需要我们说明的。

全球视野之下，为什么全球买房北上广深，答案不言自明。

为何全球买房北上广深，我们给出的第二个理由是经济学规律。

经济学最基本的定理是供求关系，供大于求则价格下降，供小于求则价格上升，按此分析，北上广深的房地产市场供需状况如何？

首先看调控方向，北上广深房地产市场十几年来调控基调就一个字“限”，限购又限贷，有户口才能买、有社保才能买，贷款二套不得超过三成、一套不得超过七成……

为什么要“限”？就是因为涨得太快了，要控制房价过快上涨。无疑，房地产调控政策是正确的，市场自身并不具备完全理性，必须有宏观政策来进行调控，任由市场泡沫肆虐的结果必然是灾难性的。

北上广深的房价到底有没有泡沫，有多大泡沫，这是一个仁者见仁智者见智的问题。有人说按人均收入与房价比例，北上广深不过人均可支配收入6万、人均收入不过10万，与动辄数百万的房价比，需要不吃不喝几十年。

这是一个最常见的理由，但其实在偷换概念。我们要知道，购房的单位不是个人，而是家庭；不仅是一代家庭，而是几代家庭。

以人均收入10万计算、以两代人6个主要劳动力计算，家庭收入是60万，以60万的家庭年收入对比目前房价，还显得高吗？何况，在任何一个国家购房都不是靠一代人的努力完成的，“六个钱包”理论不是笑话。不用“六个钱包”买房，难道让“六个钱包”眼睁睁瘪了吗？这才是真正的笑话！

有人说未来政策调控可能会加码，一旦调控加码，房价就会下跌。任何时候都会有这种论调，任何时候也确实有可能出台新政。针对这种情况，继续强调本书中给出的理财唯一准则——重要的是当下。埋怨也罢，批判也罢，北上广深的房价到当下的地步，必然有到当下价格的资金支撑。

当下已然是当下，未来却未必是预测的未来，不考虑当下，盲目去预测什么政策，是很不明智的选择。

那么，我们就以北京为例，看一看当下。

2017 年中国出台空前严厉的调控政策，限购限贷又限价。根据 wind 给出的数据，当年北京商品住宅成交量 47022 套，成交总面积 546.24 万平方米，二手房成交 133175 套，成交总面积 1204 万平方米，对应住宅均价 5.81 万 / 平方米[1]。

从真实的交易数据中可以看出，二手房是北京市场成交主力（后文将以二手房为例，深入剖析北京市场房地产交易）。317 新政之后，2017—2018 年北京市场略有下降，谈不上火爆，但最重要的是接近 6 万的均价没有大幅下跌，这才是最重要的现实。

除去市场交易数据，更重要的还有存量数据，对整个市场来说，存量数据远比流量数据重要[2]。

2017 年年末，北京共有 666 万套住房，总面积 4.9 亿平方米，其中城区住房 608 万套，4.5 亿平方米。

666 万套住房，有多少空置？

截至 2017 年底，有金融机构统计北京的空置率仅为 6.4%，远远低于全国 10%—15% 的平均水平，上海 3.7% 空置率甚至和香港接近。

就算 666 万套房子都没有空置，北京的房子够住了吗？

2017 年北京常住人口 2170.7 万，如果按照一家三口人计算（实际北

1 数据来源：wind《2017 年北京房地产专题报告》。

2 数据来源：中金公司，《京沪住房有多紧缺》。

京很多家庭户均不足 3 人），需要 723.56 套房。二者相减，有 57.66 万个家庭属于刚需一族。

另一组数据也可以得到同样的结论，北京户均住房是 0.94 套，当然，这个数据并不必然意味着一个家庭没有自己的住房，有的家庭子女和父母、祖父母共住一套房子，也有的家庭租房居住。

如今已不是四世同堂的时代，无论老人、年轻人，人们还是在追求独立的居住空间。况且，与家人合住不意味着北京套均住房面积很大，北京可不是一个宽宅大院的地方，存量房套均面积只有 73.8 平方米，而全国平均数据为 95.2 平方米。

更有意思的是，北京有一套住房并不意味着一套现代化的住房，人们可能难以想象，北京很多房子是没有独立卫生间、独立厨房的。根据 2015 年全国的抽样调查数据，北京的房子整体房龄较大，有 18% 是在 1990 年以前建的（全国的平均数是 15%），还有 11% 的房子没有厨房、12% 的房子没有独立卫生间。

这没什么奇怪的，大杂院原本是一个院子一个厕所，大多在西南角，后来陆陆续续被拆掉，在街边改建了公厕，这样的大杂院二三十平方米就是一套房子、住一家人，没有独立的厕所和厨房。

综上，关于北京房地产市场供需结构，中金公司研究报告给出了最后结论，按国际水平计算，2017 年北京的住房总需求有 14.54% 的缺口[1]。也就是说，北京房地产市场供给与需求之间的差额是 14.54 个百分点，在

---

1 以上数据分析均以市区的常住人口为依据，不考虑流动人口。

当前的供需结构之下，房价涨跌还要看另一个变量——政策调控力度。

北京二环有西单上国阙、三环有棕榈泉、四环有万柳书院，泉水叮咚、曲径通幽，没有车海与人流，却有霓虹闪烁，有着CBD的繁华；北京还有几十万人的大社区天通苑、回龙观，是一个地铁上小偷都无法施展拳脚的地方，融入其中，不必理会自己被挟裹至何方。

每次想到这些房子，就知道北京房子的需求，如此，我们就知道北京有多少住房刚需，就知道买房的去处——全球买房哪里去，中国北上广深。

择一城终老

择一城终老，不一定意味着有房子终老；

择一城终老，不一定意味着在久居的故乡终老，如果想赚钱的话；

择一城终老，首选北上广深，次选区域经济中心，再次是省会、省内经济最发达城市，最后才是家乡的设区市、县城、建制镇。

这一节，主要讲一些关于购房的经验技巧。

购房置业第一条，首选北上广深。但是，北上广深的房子不是每个人想买就能买。调控政策跟我们开了一个小小的玩笑，2011年北京出台“京十五条”，开始了史上最严厉限购政策。大家都知道，在这几个一线城市买房要社保、户口等很多条件，也就是说，相当一部分人无法在北上广深买商品房。

如果不能在一线城市购买商品房，请尽量在级别较高的城市置业：北上广深之外，首选经济发达区域核心城市，杭州、重庆、天津、成都、武汉等；北上广深周边地区，北京周边的北三县、上海周边的昆山。

其次，选择居住地所在地省会，或者省内经济最发达城市，例如山东青岛、河北唐山，经济总量比省会还要高。

再次是所在地的设区市，在设区市置业就要小心了，一般来说设区市是三四线城市。请记住，城市级别越低，房价波动风险就越大，尤其慎重在县级城市及以下地区配置过多房地产。

然而，对很多人来说，我们给出的置业建议从没想过，对他们来说区域经济中心、省会只是他乡，遥远的城市、遥远的陌生人，完全不在考虑范围之内。

为什么我们会给出这样的置业建议？

答：最重要的是当下。

当下的情况已经很明显：房地产升值的顺序一定是按城市级别来的，跌价则是正好相反。一个更为深远的原因，生育率下降之后一个地区的人口主要靠外来人口流入，人口净流入则房价具备上涨基础，反之则反是。人往高处走、水往低处流，人口一定是趋向发达城市流动。

在三四线城市生活的人，这一代人已经不可能离开这片土地，但是下一代人总是要流动的，最大的可能就是流向北上广深，其次则是经济越发达的地区。一直说“最重要的是当下”，当下看到的结果是：20 年前同样 10 万元钱，在不同城市购买住房的增值程度是不一样的；20 年前在不同地区置业，20 年后孩子成家立业，需要变卖掉老家的房子。同样一笔钱却给了孩子完全不同的起点，也可能就是最后的结局。

即使在农村地区，如今一个人的生活范围早就不再是一亩三分地，而是遍及全国、全省，一个地区外出务工人员很少，只能说明这个地区经济比较发达，否则留不住年轻人，在本地置业也无所谓。除此之外，在每个人视野范围之内总有一些熟悉的城市，更重要的是，在每个人支付能力之内会有一些比家乡经济更发达的城市。

那么，他乡就是置业之地，他乡即故乡。

还有一种情况，在置业中很普遍。

走出故乡的人总有一种乡恋情结，即使已经在大城市安家立业也总希望在家乡留下一套房子，美其名曰将来退居颐养天年。

请不要有这样的想法，倒不是说家乡房产将来不好出手或者增值较慢，比增值更重要的是货币时间价值。但凡有类似想法的人一般都已在大城市立住脚跟，起码有车有房，称得上是小康之家。小康之家在故乡能看中的一定是当地相对高端的楼盘，动辄价格在大几十万甚至百万；百万资产对刚走进大城市的家庭不是小数目，即使贷款，将来换房也要还清这套房子的贷款，跟全款没有区别。

一套家乡的房产，占用百万量级的现金，且不论故乡房产出手价格，仅速度一项就可能使你丧失很多机会。投资，除了收益，更重要的是变现速度，否则，即使涨幅颇高，仅有纸上富贵又有何用？

房地产置业，择一城终老，不若择大城市为下一代提高起点。

第5章
买房实战指南

买房的经历有喜有忧，以当前房价，喜的是买得起房产的成功者，买上一套房是多少人奋斗一生最终无法实现的目标——尤其是一线城市的房子；忧的是永远买不到最合适或者最心仪的房子——手边的钱总是不够用。

买房第一要务：一定要参透自己的心里价位

买房的经历有喜有忧，以当前房价，喜的是买得起房产的成功者，买上一套房是多少人奋斗一生最终无法实现的目标——尤其是一线城市的房子；忧的是永远买不到最合适或者最心仪的房子——手边的钱总是不够用。

我们就以情况最复杂、难度最大的一线城市为例进行说明。钱或者说价位是所有城市买房的第一考虑因素，百万量级以内对一线城市房产档次没有本质性影响，多几十万、少几十万，在房子面积、功能、区域上影响不会太大；另外，百万量级的款项对普通人来说都是天文数字，所以，在决定购房前一定弄清楚自己要出、能出多少钱。

可能大家不相信，即使买房者自己也很难说清楚能掏出来多少钱，只是大概估算一个能承受的总额。估算出来的压力不是现实压力，真实面对压力每个人都会有不同感觉，或者说在下决心的时候信心百倍，真正面对的时候会灰心丧气。其中的差额很可能来自亲友借款，大部分人买房需要借钱，借遍亲朋好友，再用足贷款。如今开口借钱已经成为很为难的事儿，理想和现实之间会出现差额，一旦签了合同又不能凑够钱，会让购房者很被动。所以，买房总体上还是要量力而行，手里有多少钱办多少事儿，决不能画饼充饥。

明确买多少钱的房子，不是单纯指房子的价款，更重要的是明确首付（含税费、中介费）、贷款。我总结了一句话：首付（含税费、中介费）不能超、贷款不能少，首付最重要。给定一个首付额度，向上浮动不能超过三个月收入，再多了需要根据个人能力而定。

一般来说，三个月收入相对容易解决，实在不行多要一段时间成交周期也可以。至于贷款，则一定要用足，月供要为家庭月收入的二分之一。通常，家庭收入是上升的，很少有下降的情况。况且，时间也有价值，30 年前的 100 万本息跟今天的 100 万本息根本不是一个层次，看到 30 年来货币时间价值的变化，当知贷款还是多多益善。

看房过程中一定要避免这样的问题：价格高的房子比心理价位的房子好，于是临时决策多花一些钱来买更好的房子。这是买房过程中很忌讳的一件事。买房过程中多花个三五十万跟玩儿一样，现实的支付能力摆在这儿，多三五十万对普通人来说会增加更多压力。就算有能力可以筹到钱，购房者也不一定对支付能力有清醒的认识，于是便会反复纠结，拖延成交周期。

北上广深四个城市，北京比上海、深圳、广州更复杂一些，搞定北京房子的经验一定可以运用到上、广、深。这倒不是说北京的房子贵，而是北京房子的房型、地点选择比较复杂，需要斟酌的方面也比较多。

首先声明一下，对想在北京买房的人来说，一定要对这个艰难的过程有足够的心理准备，不仅要有足够的财力，还要有足够的体力、时间和心理承受能力。

财力自不必说，所谓时间，看房者在很长一段时间内要把几乎所有的业余时间用来看房，整个家庭无暇顾及其他事情，没有所谓业余生活。所谓体力，看房者要跟中介跑很多地方，相当一部分路程是步行或者电动车。所谓心理承受能力，随着看房历程延长，看房者的心理承受能力会越来越强，对破房子的接受程度会越来越高，直到最后自我成熟，理想中的市场变成了真实的市场。

明白自己的支付能力，首先要弄清两个概念：首套购房和首套贷款问题（以下简称首套和首贷），这两个问题在全国所有城市都存在。

在某一个城市首套购房不意味着首套贷款，只要缴税的时候家庭名下在京无房即为首套住房；首贷却是家庭名下[1]在京无房并且家庭名下全国范围内无购房贷款记录，方被视为首贷。再说一次，请一定注意，全国范围内无购房贷款记录才可以被认定为首贷。

在北京房地产市场，请记住：即使满足首套首贷条件，购买新房的首付也不是传说中的30%，而是40%。北京新房所处的地段和价格等因素，新房几乎都是非普通住宅（住宅分成普通住宅和非普通住宅，非普通住宅就是豪宅），所以首套首贷购买新房的首付是40%。至于税费，税费首套90平米（含）1%契税，90平米以上1.5%契税；二套统一执行3%契税。

二手房首付计算更为复杂，不同交易时间首付计算方法差别很大。一般来说，首套实际付款在合同价的40—50%，二套房一般是70%以上。

1 以家庭为单位指的是夫妻双方及未成年子女为一个家庭。

二手房会有中介费，不同中介会有不同费用；税费与所买房屋二次出售年限、家庭住房情况有关，具体情况需要具体分析。尤其对预算比较低的买房者，请一定要记住，税费和中介费是一笔价格不菲的支出，这两笔费用都要与首付同时支付，是必须核算在内的。

我们还可以给出建议的看房时段——严冬酷暑。要么是严冬，要么是酷暑，这两个时段看房的人很少，是一年中市场最冷清的时候。尽管这个时候看房会受点罪，但正因为市场冷清才能挑到好点的房子，找到好的经纪人。

新房、次新房还是二手房

北京买房，首先面临的问题是买新房还是二手房，这是两个完全不同的概念。

北京二手房，尤其是靠近核心城区的二手房有“老、破、小”的称谓，居住体验和感官非常差。如此差的居住体验，“老、破、小”仍旧有着巨大的市场，可见“老、破、小”的优势。

“老、破、小”的优势正是新房的缺点，距离城区近，或者就在核心城区。三环内数年前就不准兴建新的住宅楼，新房一般情况下坐落在五环外，大致分布于石景山、昌平、通州、顺义、良乡，丰台、朝阳远郊。以丰台亦庄一带新房为例，80—90 平方米两室的房子大概价格在 450 万上下，房型、位置不同会有 50 万左右的出入。与这个价格的二手房相比，新房居住体验会更好，但是，周边配套会相对差一些，包括幼儿园、小学、医院、公园、商场、超市等。偶尔会有四环内的新房，北三环四环之间也会有新盘，每平米单价大多在十万以上，总价千万以下的房型会比较差，比如全北、西北，甚至是锯齿形的房子。

购买新房有一个问题必须注意，新房下房本一般在两年之后，下房本后两年才能满足出售不纳增值税的规定。换句话说，买了新房，大概要等三四年后才能出售。买新房一般都会涉及换房，换房必然涉及资金流，这个时间差必须考虑。

一般来说购买五环外新房的都是刚毕业的年轻人、投资客或者二套改善型人群，又以年轻人为主。这个群体有人工作地点在五环外，所以买新房很合适，即使在城区工作，住在石景山或者丰台距离都在10公里以内。年轻人喜欢环境好的新社区，希望提高生活品质，生活有现代气息，愿意承受上下班路程上的时间消耗，宁可牺牲房型、面积也要住在高档小区里。从家庭功能来讲，刚刚组建的家庭人口少，二人世界不需要打扰，确实不需要太大的面积。但是，随着时间推移和家庭成员增加，就必须考虑到房子的实用性和孩子教育问题，尤其是有了学区概念，新房在很大程度上就难以满足了，“老、破、小”的二手房自然有了市场。

相对二手房而言，新房的选择空间比较大，除了工作地点与家庭之间的交通情况，不需要考虑太多配套设施问题。

在这里，我们主要讨论相对复杂的二手房。

关于二手房购买，第一个选择跟中介有关，要到哪里才能找到合适的房源，哪里才能买到合适的房子呢?

当然是去中介公司买，就算是熟人之间的交易，依然难以完全信任，毕竟是一个家庭最大的资产。

北京市场上中介很多，链家、我爱我家、麦田……其中最大的当属链家，在二手房交易市场中占据半壁江山。但是，链家的中介费很贵，基本不存在议价空间。一分价钱一分货，贵有贵的道理，链家房源多、经纪人成熟、流程相对规范等，对客户保障比较多。

具体是否需要选择链家，还是要看个人对购房中风险的判断和承受能力。其他几家较大的房地产中介也各有特色，我爱我家主打租赁市场，麦田则主打高端市场，如此，等等。

一个优秀的地产中介经纪人会让你在买房过程中省去很多麻烦，选择经纪人有几个标准：第一，要有忠诚于客户的心态，不是单纯以成交为第一目标；第二，周边房源成竹在胸，小区情况信手拈来，还要与外区同事有良好的人脉（一旦本区找不到合适的房子，可以迅速推荐其他片区）；第三，充沛的沟通能力也是必备条件。

经过一段时间接触便可选定经纪人，买房者必须和经纪人深入沟通，所有真实的情况和想法都要合盘告诉经纪人，尤其是房子的心理价位。不然，装大户或者装穷都会让经纪人有误判，使交易最终难以完成。

选定经纪人，一般情况下不建议更换，经纪人和客户之间需要双向了解，相处时间较长双方会更加信任。况且，在地产经纪行业里，客户跟一个经纪人看房，半路又去找其他经纪人看房，是比较忌讳的事儿。

选择完经纪公司、经纪人，下一步就是看房了。

选择 2000 年以后的次新房，还是选择房龄较老的房子，两者的区别在哪里？

即使在最核心的地段都同时存在次新房和旧房，同时看会对两者都有一个直观的感觉，喜欢哪个就奔着哪个看，没必要在看房之初就剔除某类房子。

从居住体验来说，2000 年后的次新房优点很突出，小区环境好、楼龄新，居住人群素质相对较高。缺点在于价格，次新房的价格较高，同一地点，比 2000 年前的房子贵 20%—50%，需要较强的经济承受能力。还有一个缺点是，次新房房型，可能是为了保证大户型房型合理，也可能是为多出一些房子套数，很多户型不方正，朝向也是千奇百怪。

次新房中有一种特殊的户型叫作“开间”，总价相对便宜，但是单价高——任何一个地方都是小户型单价贵、总价低。开间一般在 20—30 平方米，只有一个屋子和卫生间，厨房是开放式的，有的开间没有燃气，只能用电磁炉。这种房子适合单身、刚结婚的人或者投资，有意向购买开间的朋友可以考虑专门做开间的小区。

开间无法承担家庭职能，迟早是要卖掉的。北京次新房中有一批小区主打小户型，小区中大部分房型都是开间，例如石佛营附近的炫特嘉园，主力户型都在 50 平米以下。这样的小区换手率一般会比较高，将来卖也好卖。

房龄老的房子，房型相对合理，公摊面积比较小，价格也比次新房便宜。旧房子的缺点就是旧，所谓“老、破、小”不是白叫的。尤其是核心地段东西城的房子，怎一个“破”字了得。看惯了新房的人，看到东西城的“老、破、小”会惊讶到怀疑人生。

但是，老房子买的是位置、学区，不单纯是居住功能。具体判断一个房子的好坏，价格就是一切标准，价格高的房子好，价格低的房子差，“一分钱一分货”的道理在二手房市场再贴切不过。

应该选择学区房吗

北京具有优质教育资源，但是，北京市如同全国一样，同一个城市之内也存在教育资源分配不均问题，不是说来北京上学就万事大吉了。这就涉及“学区”的概念，让买房人肝肠寸断，但凡带学区概念的房子动辄都是十几万每平米的单价。

优质教育资源集中在西城、东城、海淀，网络上流行的学校分类，丰台区甚至没有一家二流二类校以上的小学。

买学区房，首选当然是西城。西城是北京教育资源最集中的地方，不用说实验二小、皇城根小学、育翔小学这些超级牛校，就是老西城区的宣师一附小也是牛校。更关键的，西城的初中、高中没有太差的学校，四中、八中、三帆、实验、师大附、育才、西外，就是铁二中、14 中也不算是差学校。

也就是说，即使将来教育政策变化，比如多校划片、小升初一对多，无论怎么变化，孩子上一个好学校的概率都比较大。

西城但凡学区好一点的房子，价格都非常贵。一般来说，如果之前没有上车，西城晶华、丰融园、丰汇园这些次新房就无法问津了，动辄两三千万的房款确实不是一般家庭可以承受的。如果选择旧房，那就要有足够的心理承受能力，最早的有五六十年代的房子，20 世纪七八十年代的旧房那叫一个破旧，怎么看怎么觉得时光倒流了。即使如此，西城的房子价格依然坚挺，涨是最快的，跌是最慢的。毕竟国人最看重教育，在西城买房买的是位置、不是房子，只要不是地下室、顶层，楼龄、砖混结构、周边环境都可以忽略。至于这样的房子怎么住？有很大一部分人是这样操作的：随便买一套，不去住，租出去；然后在学校边上租一套大的。

东城的学区谈不上好，也谈不上坏，小学水平比西城不差，除了史家胡同小学、府学小学、景山小学、光明小学这些一流一类校，黑芝麻小学、西中街小学、分司厅小学都是很好的学校。东城的中学尤其是高中较西城还是差了一些，有北京二中、北京五中、东直门中学这样的市重点，但是，整体质量不如西城。

东城所谓学区房跟西城差不太多，海晟名苑、阳光都市（史家实验学校学区房）这样的次新房比西城价格一点都不低，但是，旧房明显比西城要低大概 20% 左右。

海淀的学区质量参差不齐，好的是真好，坏的是真坏，有人大附属学校、中关村一小、三小这样的顶尖牛校，也有名不见经传的学校。需要提起一百分注意的是，海淀初中名校不是靠派位，而是靠考试招生。换句话说，海淀学区房实际是一个伪概念，上一个好的小学并不能保证上一个好的初中，只有成绩过硬才能考上好学校。对准备在海淀买房的朋友，不建议大家太关注学区，小学教育大致都差不多。正是因为这种学区政策为买房者留下了空间——不要最贵最小的房子，只专注性价比。

正是因为这样，海淀区的课外班在海淀黄庄一带鳞次栉比，蔚为壮观，其数量和竞争程度成为全北京之最。

这里斗胆提出一个说法，快乐教育是一个彻头彻尾的伪概念，是懒汉的想法。要想让孩子上好中学、大学，小学必须有所付出，在海淀如此严格的小升初遴选之下，初中整体生源素质肯定要优于东西城。所谓好学校，最关键的就是生源。在当前不准跨区、跨片的政策下，我们斗胆做一个预测，将来海淀的高考成绩一定能超越东西城。

朝阳、丰台等区域也存在本地学区的概念。以朝阳为例，人大附中朝阳分校是朝阳最热门的学校，周边房产价格比东城低不了多少，红玺台、太阳公元都在 15 万以上，带学区名额的旧房顺位排名第一的是芍药居北里，价格也在 7—8 万左右。

关于学区想多说几句，家长为孩子选择学区无可厚非，谁不愿意就读名校呢？但是，教育终归是家庭的责任，名校只能提供环境，真正决定孩子成绩的还是家长对学习的态度以及陪伴。

不要再幻想快乐教育，这个世界上不付出从来就别想得到丰厚的回报，任何成绩都是点滴积累起来的。再好的名校，尤其是小学，也得靠辅导班支撑，在很大程度上辅导班决定孩子成绩优劣。没听说过程序员的孩子把昌平二中活生生给考成了学区房？（IT 精英大多居住在昌平二中一带）所以，在我看来，学区并不是那么重要，重要的是家长如何为孩子选择学习方法和道路，教育肯定不可能靠学区房一劳永逸。

关于学区的问题，我们给出的建议是量力而行，尽量选择好的学区即可。学区是买房重要的考虑因素，但不是最重要的考虑因素，更不是唯一的因素。在学区概念上纠结，多花个几百万都太正常不过。大家可以想象一下，两三百万投入到孩子十二年的基础教育中会是怎样的结果？

学区重要还是自己努力重要？

真要考虑学区，拍一拍兜里的钱，如果在支付能力范围之内，正常考虑顺序是：西城－东城－海淀－朝阳－丰台，在每个区域内再做选择。小学对口初中要优于小学，然后考虑的是小学位置，要么距离工作地点近，要么距离家比较近。多校划片和不准跨区的政策下，生源质量已经被平均，选择学区的意义没有传闻中说得那么大。

说到学区就必须要提户口，有的小学尤其是好小学对每所房子落户时间是有限制的，比如落户三年、五年，六年内只能有一个学位。无论是否有学区，在购房之前都要问清楚，房子里有无户口，若有能否迁走，是否占用了学区名额？否则，房子成交之后，留下来的户口迁不走，即使法院判买方胜诉，依然无法迁走户口，只能是获得赔偿金。房子有无户口关系到下次卖房成交，有户口无法迁出的房子成交难度很大，价格上也会比正常价低很多。即使没有户口，学籍指标已经被占用，房子的学区附加值也就没了，买房最重要的功能之一就丧失了。

卖方也应该注意，户口无法迁出且在交易过程中未声明，可能面临巨额诉讼。以链家的制式合同为例，户口无法迁出，除了户口要扣除预留的保证金，还要按房价全款罚日息万分之五，是一笔很高的罚金。查户口分为两步，在确定成交之前查一次，在拿到房本的第一时间再查一次，因为签完合同到过户的这段时间，原房主是可以拿着房本再把户口迁入的。查证没有户口后，就可以支付户口保证金了。

买房地点如何选

与学区相关最直接的是买房地点，有了学区自然要选地点，这点不必再提。满北京找名校就那么几所，更多房子对应的学区没多少名气，更多的人买的也只是普通房子。

对剔除学区概念的房子来说，购房地点就成了最关键的选择点。北京通勤时间平均在 1 小时左右，东六环到西六环有 50 多公里，这个距离已经相当于两个城市了。地点选择很复杂，在房地产中介的体系中每个区都有 30—60 个版块，每个版块又有若干小版块，这里仅能举例说明。

最大的版块选择是区，东城、西城、海淀为第一梯队，朝阳、丰台为第二梯队，昌平、石景山、通州为第三梯队（以上为城八区），顺义、大兴为第四梯队，良乡、密云及其他为第五梯队。以上梯队排序与价格有关，均价从高向低排。

东西海（东城、西城、海淀）就不用说了，选择东西海一定会选择学区，选择东西海的最大制约因素就是钱，这三个区的房子最贵；海淀倒是有价格洼地，但是这些地方跟优质教育无关。

东西海之后的第二梯队便是丰台和朝阳，这两个区面积很大，并不是越靠近核心城区越好，也不一定是北城一定优于南城，影响价格的因素很多，远非核心城区一个地点因素可以衡量。朝阳区有二环边上的地段，比如朝外，也有五环边上的地段，比如望京。和平里一带更为神奇，同一个小区有的楼是东城，有的楼就是朝阳，两者交错。别看这些楼盘就挨着东西城，价格还真不一定比四环边上的楼盘高。丰台有很多南二环边上的房子，达官营一带可能隔着一条马路的区别就是丰台和西城，但价格却不是按照距离核心城区距离来算的。

同一个区内，首选的便不再是距离中心城区远近，同样是教育资源、周边配套。以朝阳区朝外（朝阳门外）、建外（建国门外）、东外（东直门外、柳芳）为例，这几个地区就在二环边上，可以说是最核心的地点，但是，价格却不如芍药居一带，何解?

很简单，芍药居一带有人大朝阳校、人大朝阳实验校，两所朝阳最好的学校。同时，芍药居片区有北土城公元、太阳宫公元，对外经贸大学、北京印刷学院、北京中医药大学，中日友好医院等，医院、学校、公园、超市，全都配套完善的地方肯定价格比一个二环边上高。朝外、建外、东外这几个地点除了距离城区很近，并没有其他太多优势，尤其是学区。北京二环到四环之间每一环的距离都很近，大概两三公里的样子，人们是可以为学区、居住环境牺牲距离的。

在大区域选择中有一点需要注意，就是环线拐角处的房子不是正南正北、正东正西，很多有角度，例如，东北三环拐角处的西坝河一带。一般来说，带有角度的房子会比正南正北、正东正西的房子便宜，看各位怎么选择了，是选择低价还是选择房型。单纯从投资角度，非正向的房子出手也比较困难，选择的时候还是要慎重。

到底在哪个区买房很容易决定，因为购买力是最根本的决定因素，无法选择。在假设购买力已定的情况下，我们这里就以一个地区说明。

首先，请一定记住一点，在任何一个片区，某一个价位上可以购买的二手房不会超过10套，越靠近城区这个数量越少，即使在天通苑、回龙观这样的大社区也是一样的。别看App列表上显示某个价位区间有几十套房子，但多数房源是必须淘汰的，不满二年（高税）、业主不诚心出售、房子有硬伤（后文详谈）等，真正筛选下来就那么几套。

关于这一点，看一个指标就明白了。如果一个房子上架挂了3个月以上还没卖掉，大概率存在硬伤。挂牌时间越长，成交难度越大，所以，不建议大家考虑挂牌3个月以上的房子。提醒一点，有不配合看房的租户很正常，不正常的是租金显著低于市价的租户，尤其是不通过中介走租赁合同的租户，遇到这种房子一定要小心小心再小心。

东北四环附近芍药居板块是朝阳区板块之一，该板块又分为芍药居、高原街、小关、惠新、安苑5个片区。根据楼龄、户型、小区管理，又可以对所在小区进行分类。

2000年是次新房与旧房的一个很明显的分类标志。芍药居地处四环内，次新房的楼盘主要是高端盘红玺台、太阳公元、火星园、丰和园，这些小区的学区是人大朝阳实验学校，单价一般在12-17万元之间；低端次新盘主要是隆远阁、吉利家园，单价一般在8—9万元左右，学区是人大朝阳学校。人大朝阳实验校和人大朝阳实验学校的区别在于，前者是私立校，后者是公立校；前者小学属于普通教育，中学属于国际教育，以出国为目标。在选择房子的时候，这些都要考虑清楚。

接下来就是二手房了。根据楼龄又可以再继续细分，35 年以上楼龄，又是砖混结构的存在明显缺陷，购买和再出手都不容易，这样的房子不能使用公积金贷款。就算买房者不考虑公积金贷款，也要考虑出售的时候这种房子也要排除公积金贷款客户，也就排除了相当一部分客户。

次新房和旧房的区别在于，次新房都是一个年代建成的，旧房的小区存在各个年代的房子，有时候连房主本人和中介都说不清楚到底是哪年盖的。楼龄在 35 年以上的房子不好出手，这一点朝阳、丰台与东西海不一样，学区房不太在乎楼龄，只在乎学区、总价。

说到小区管理，旧小区、次新盘的低端盘很难说有好的管理环境，又可以分为三类。

第一类是区级示范性小区。在芍药居片区内，小关北里 10 号院算一个。此类小区管理规范，虽然旧了一点，居住环境还是很好的，楼道口有门禁，楼道里没有小广告，楼体也经常会有刷新，一般来说小区内有幼儿园、小学、菜市场，生活设施一应俱全。

次新盘虽然没有示范性的名头，但因为楼龄较新也勉强可以归类到第一梯队。示范性小区房型一般就那么几种，都比较实用，有时候就连一室一厅都能做成南北通透或者全南格局；60 平方米左右就能构造出两室一厅的结构，可以满足一家人生活。

当然，示范性小区的价格也是旧房中最高的，如果看中示范性小区的房子，价格又比较合理，建议马上买下来，否则这样的房子只要出来就是秒杀房。

第二类是管理一般但环境还能接受的小区。此类小区一般楼龄在 20—30 年，有物业管理，但水平一般。第二类小区的居住环境还算说得过去，从此类小区开始，楼道门禁就不要想了，楼道里的小广告倒是成片，小区车位极其紧张，乱停车的人有得是。

请注意，门禁管理是物业管理和业主素质一个很直观的体现，也可以被视为一二类小区的分类标志。在二类小区里，即使安装了门禁也会在短时间内被业主破坏。请注意，不是租户，就是业主自己破坏的。这个环境里很多人不会在乎门禁带来的安全，只觉得门禁让他不方便。一个简单的门禁，真的可以成为最简单的人群素质分类标志。

第三类小区，管理水平很差，房龄更为老旧，居住环境给人的感觉有时候不是很愉快。此类小区的特征也比较明显，从外观一眼看去就比较破旧（即使已经刷新外墙），小区内临建成片，有的甚至没有燃气管道。地下室、房子里会出现群租现象，虽然现在始终在打击群租房。

在二类、三类小区中选择房子是一个学问，需要了解的细节非常多，看房要提起一万分小心。

说到房型，是一个仁者见仁智者见智的事情，一个人喜欢的房型另一个人未必喜欢，但好户型还是有些共性。我们提出的总体要求是：房间方正，朝向正，非顶层，非地下室。总要求之下又可以分为很多细项。

一是朝向，南北通透的房子最合适；然后是南向，所谓南向主卧或者客厅的窗户朝阳，在塔楼中有所谓南向其实就是一个小窗户朝南，大窗户是其他朝向，这只能勉强说是南向；再次是东西通透、东向、东北向、西北向；最差的朝向是全北向。随着朝向不同，即使在同一小区、同一栋楼，价格也会差别很大。

二是格局，全明格局最好，但是，全明格局的房子在北京很难找，尤其是旧房。旧房中塔楼的格局形态各异，无法统一说清楚，需要看房人仔细甄别判断。

选择塔楼必须注意电梯很多细节，看一看电梯的牌子，听一听运行时的噪音，这不但关系到业主人身安全，也关系日常生活是否方便。建议在早晨上班的时候独来一趟，看一看峰值拥挤情况。

如果电梯出现长期停运情况，这样的小区需要慎重，电梯长期停运本身就是管理不规范的标志。一般来说，旧房会存在一个暗厅，塔楼就更是如此。为保证暗厅采光，很多房主把隔断墙做成了玻璃门，有时候效果也不错。

三是楼层与遮挡，塔楼的楼层只要不是底层、顶层，其他都差不太多，不是需要特别考虑的因素。旧房板楼地上建筑不能超过六层，二三四楼最贵，一楼五楼居中，顶层最便宜，不推荐买半地下或者地下室，将来再便宜也很难出手。

说到楼层必然要考虑遮挡问题，无论塔楼板楼，都一定要注意遮挡问题，其他建筑对本楼的遮挡是硬伤，好在硬伤可以一眼看出来。很多二手房尤其是一楼，一个房间甚至整个一面房间的窗户被其他建筑遮挡。中介带客户看房的时间是随机的，有时候中午去是一个采光效果，上下午去又是不同的采光效果。所以，看中一套房子，选择不同时间多看几次会解决很多问题。

遮挡的软伤是楼前面的树木。老楼楼前一般都有绿植，有些树木几十年后已经长到五六层楼高，树冠正好挡住阳台玻璃。这样的房子在冬天是看不出遮挡来的，如果再碰到一个没有经验的中介，可能就不会考虑夏天的遮挡问题。

四是临街噪音问题。房子是否临街，是买房时必须考虑的一个重要问题，距离主干道太远行动不便，太近了又噪音太大。临环路、主干道的房子，无论哪个楼层，噪音都会不小，尤其是塔楼的中间楼层。小区内部的房子也不一定就没有噪音，关于这一点，每一栋楼、每一个房子都不一样，有时候同一栋楼不同单元同一楼层，有的噪音就小、有的噪音就大，因为噪音小的那家前面有个高层。

观测一个房子的噪音不仅要听，还要看。断桥铝、双层玻璃的装修会挡住大部分噪音，铝合金门窗就做不到这一点。不同时点，早高峰、晚高峰车流量最大的时候跟中午或者晚上车流量小的时候也不一样。如果是依靠地铁出行为主，最好是能有南北、东西向两条地铁——当然，双地铁房的便捷性会直接体现在价格上。

五是其他问题。老楼问题很多，不可能一一概括，很多都是个案。我们只能捡着出现概率比较多的来跟您谈。

一些老楼中有天井和烟道，这就使有的房间要对着天井和烟道，有这样设计的房子是要减分的，价格也会相对便宜。唯独顶层，烟道和天井使得一扇窗户变成明窗，这样的房子到底值几个钱，就需要买方自己判断了。

有些老楼有半地下、地下，一定要观察这类建筑中住的是一个家庭还是群租，这需要仔细观察，仅仅在白天去看一眼未必能看出来。

北京老住户有人喜欢养鸽子，有人喜欢把鸽子笼放在阳台上还伸出一大截，这是非常不道德的行为。楼房不是平房，在房屋买卖中，这种住户的楼上楼下都要减分，不但影响采光，想一想夏天的味道就觉得不舒服。

临建也是买家需要考虑的因素。有临建的房子要么在一楼，要么在顶楼，一楼的房子居多，临建面积也更大。临建也分几种情况，房本将临建的位置纳入其中，只不过是院子罢了；多数情况是业主擅自改动房屋结构，甚至在阳台的位置建出来一间屋子。有临建的房子一般会比同户型价格高出一大块，因为临建确实具有使用价值。我们一定要记得，临建让房子看起来宽大了不少。但是，临建是有使用风险的，随时有被拆除的可能，风险需要买卖双方自行评估。

孟母三迁的道理谁都懂，邻居素质是旧房购买者很担心的问题，碰到不规矩的人最好敬而远之。观察一下要购买楼层的楼道，理论上楼道里根本不应该有杂物，实际上老住户经常占用楼道空间。如果楼道中没有杂物，门口也没有随便扔几双鞋子，那么这个邻居还是可以的，反之则反是。

根本不能接受的情况是，把楼道空间据为己有，这种情况存在于顶楼。举例说明，如果是一梯两户，不靠楼梯的那家直接把门口的空间封死，成了私人空间，他家门就顶在你家门口，这样的房子要谨慎购买，一则是顶楼，二则对面住户缺乏必要的公共道德。

房屋买卖谈判的几条建议

房屋买卖的最后一个环节是买卖双方谈判，这是一个博弈的过程，综合很多因素，最重要的是市场热度和房型稀缺程度。市场冷清的时候卖方无论如何都不可能把价格拉上去，反之则反是。户型的稀缺性也会对议价空间产生显著影响，一套房子在小区内越稀缺，议价空间就越小，反之则反是。

请买方记住，最值得买的是正儿八经的“二手房”，即，从未在二手房市场交易过的房子。这样的房子始终是自住，一定是比较舒服的房子，装修保护也比较好；退而求其次，一直由前后任房主自住，没有出租过的房子也是比较舒服的房子。但是，这种房子在市场上是比较稀缺的，议价空间很小，房主对房子本身有感情因素在其中。

谈判过程取决于很多细节，买卖双方性格、买卖双方谁先到、中介沟通效率，同样一套房子两个不同的买家去谈判、不同经纪人铺垫，完全有可能是不同结局。性格爽快的人可能三五分钟就能谈妥价款、期限等主要条款，性格谨慎的人又是首次买房，可能要三五个小时也谈不到点子上。

谈判最重要的参考就是同小区的近期历史成交价，出入不会太大，否则买卖双方谁也不会接受。二手房报价不是拍脑袋的事儿，根据历史成交均价、最高价、最低价，同小区每套成交房子与本次谈判的房子比有何异同，这些都需要一条一条分析，然后给出自己报价。正常情况下，多一个窗户（把边的房型有窗户，中间位置则是暗厅）多十万、装修好多十万（装修再好也不可能给出 10 万以上的报价）、学区未用（根据学区好坏不同）、高楼层与中楼层差十万、多一个鸽子笼少十万（看个人偏好而定，有人根本不接受）等。

谈判之前双方一定要各自做好这些功课，想好报价，最重要的是想好报价的充分理由。否则，既是对谈判对手不尊重，也不可能买到合适的房子。

买方报价和业主底价之间的沟通主要靠经纪人前期铺垫，最初的报价差距不能让买卖双方去谈，一定尽量缩小双方报价差距，提高交易成功概率。当双方价格差别落在一定范围之内，有经验的经纪人会判断成熟时机，买卖双方约见。

买卖双方一旦见面，谈判就需要艺术了，既然买方报价业主能来，距离业主心理价位差距一定不是很大，某个报价差距之下还不走，就证明有交易诚意和成功的可能。

谈判中第一次给出的报价最重要，无论哪一方报出太离谱的价格都很难回转。对买方来说，报出的价格太高则可能高于业主底线，报出的价格太低则可能直接导致交易失败。这个时候考验的就是双方的耐性了，谁能坚持自己的价格，交易就会向着有利于坚持方的方向发展。当然，坚持也是有限度的，谁也不能突破对方底线，那是不可能的事情。

一般情况下，业主不可能直接报出心里的底价，第一次报价是一定有空间的；也不排除有人一口价的现象，这种情况下反而简单，按任何一方的一口价，成则成，不成则分，不可能有几次报价机会。一般而言，业主第二次报价之后的空间就很小了，基本接近其底线，多则三两万，少则一万。想在第二次报价中砍掉十万量级以上的价格，除非能找到房子的硬伤，而且房主自己对硬伤认可，之前没有提到。

令人比较厌恶的是报价为双方接受之后，在签订合同之前，突然对价格改口，卖家加价、买家减价，挑战对方底线。如果出现这种现象，建议放弃本次交易。这样的做事风格是要把事情做绝、占尽便宜，跟这样的人交易后期不一定能顺利。

如果买方或者卖方不擅长谈判，那么很简单，可以把最重要的部分让经纪人去铺垫，最后差距很小的时候再由买卖双方亲自谈，这样会事半功倍。

有几种情况需要提醒买方注意。

有的房子看着很好，报价也比较适中，但一旦约谈业主，业主总是爽约。这种情况下，很有可能是因为业主心态还不太稳定，没有下决心卖房。一套房子住了很多年，对业主来说感情上难以割舍，这是可以理解的。遇到这种情况，尽量不要在某一套房子上纠缠，越纠缠反而越会坚定业主惜售之心，他会觉得自己的房子好，更舍不得卖。业主心理适应需要很长一段时间，不是三两天能转过来的，买房者不可能陪着业主度过适应期。

还有一种可能，业主心理优势非常明显，觉得站在强势方，要主导交易一切环节，甚至开出不切实际的谈判条件，App 上挂一年两年的房子好多就是这么形成的。当然，负责任的经纪人会把这种人排除掉，没有人去做冤大头。

有的房主会提出一些比较奇怪的要求，比如，指定某家银行贷款，或者称配偶在国外或者外地，以出具授权书的模式交易。事有反常必有其因，但凡遇到提出非正常要求的业主，买家一定要提起注意，无论房子多么合意，无论价格多么低，都要当心其中陷阱。房屋买卖对任何一个家庭来说都是大事，真心的卖方会选择合适的时机出售房屋，毕竟过户、面签需要买卖双方夫妻共同到场，提出这样的要求就意味着后期交易很难顺利完成。买家不必深究卖家提出要求背后的真实意图，买家需要做的是最大限度回避其中风险。

有的房主会让代理人到场跟买方谈判，这种情况尤其需要当心。常见的情况是子女替年老父母谈判，谈判结束后由老人签署合同，于情于理都说得过去，况且真正签署合同的时候房主会到场，提醒购房者一定要见到售房者本人及其配偶。

经纪公司、经纪人会对此把关，购房者还是要提醒中介。如果是非直系血亲关系替代谈判，这种情况是最需要当心的时候，倒不是担心谈判价格无效，而是要当心亲友甚至租户拿了房主证件资料来行骗。

签署合同到支付定金之间会有交易意向金，一般情况下十万块钱，中介公司核房之后支付定金。骗子盯着的就是这十万块钱。这种情况经纪人是要担责任的，所以，经纪人也会特别小心，直至要求买房者终止交易。

最后，我们可以跟您说一个最简单的选房方法。因为区域、学区、价格都是之前考虑过的因素，一定在意愿许可范围之内。上述前提下，如果一套房子，您进去第一眼就感觉很心仪，那么，建议您买下来。

给卖房者的几条建议

房屋买卖是双方的事情，有多少买家就有多少卖家。相比之下，房子是一定的，无论区域、房型还是朝向都没得选择，反而简单很多。在这里，对卖房者我们也给出一点建议，仅供参考。

当前北京二手房市场，即使在最冷淡的情况下也是卖方市场，一房难求的情况短期内难以改变。卖房如下几个理由比较常见：闪转腾挪，或者换学区房、大户型、居住地点；子女继承房子、出国移民，卖掉拿现金；生意人卖房周转资金，等等。以上几种卖房理由中最常见的是换房，在这里我们主要讨论换房。

换房情况下第一要考虑的是选择卖房时机，强烈反对换房者在市场火爆的时候卖房，必须选择市场冷淡的时候。市场火爆的情况下房子确实能多卖点钱，但买房的时候同样要多花钱，且多花的钱一定比多卖的多。最重要的是，就算全款卖房，流程中从签约到拿到全部款项也要一个月时间；如果是贷款，至少要预留出三个月以上才能拿到全款。在 2016 年最火爆的市场中，三个月后的价格与三个月前完全是两个概念，三个月前交易的房子甚至都买不起当时的房子。

卖房换房者的第二个选择是对拟购买的房子有基本的了解，也就是说必须在看房一段时间的基础上再决策是否卖房换房。否则，连买房基本的价位都不清楚，如何能对后续进程有基本评价？不但买不到合适的房子，卖掉房子徒留忧愁。

卖房者的第三个选择是价格。绝大多数情况下，二手房市场都是透明和理性的，有历史成交价做参考，不可能出现太多偏差。自己心理预期是一回事，市场价格是另一回事，除非是绝顶的好户型，一般同期内同小区会有同户型交易，这就是最好的价格参考。报盘的时候适当高报一些是对的，建议在合意价格（不是底价）之上 5% 左右，报盘价格太低缺乏必要的谈判余地，报盘价格太高又会排除潜在的购房者。

对想秒出的卖房者，价格是最大的法宝，房产其实很容易出手，有够低的价格，就一定有够快的交易速度。一般情况下，只要报价比市场中介预估合理价位低 3—5% 就能秒出，具体低多少要看机缘。这一条经验也适合房市投资者，如果突然出台某项利空政策，政策出台之后市场不会像股市一样瞬间感知，在大的利空政策出台后的一周内比市场低 5—10% 报盘，这样的房子一般情况下也是可以秒出的，例如，2017 年 317 新政、多校划片政策出台之后。

卖房者第四个选择是中介。一般情况下业主会在多家中介同时报盘，这样可以多积累一些客户。还有一种选择，不是多报几家中介，而是在一家中介的不同门店推荐自己的房源，千万不要怕麻烦。这时候就不要再考虑中介费高低了，按北京的行情，中介费由买家支付，卖家只需要净得价，可以选择高价的链家。多去房子附近的链家门店，每个链家门店都有自己积累的优质客户，这是最有效的客户群。所以，尽量和附近门店沟通，推荐自己的房子，一定能促进成交。链家对每一套房子都有一个维护人，尽管有相关纪律、不会阻碍其他门店成交，但维护人总不如房主自己对房子更知情，对其他经纪人介绍得更详细。

这个时段还要嘱咐一句，一旦决定卖房并选择好中介，第一时间要和中介一起去查房子里有无除了本房主之外的户口，年代比较久远的房子有很多历史情况，极个别情况下可能存在业主都不知情的户口。

关于价格，是不是要对经纪人说出底价，这要看经纪人的特点。买方经纪人在谈判过程中会倾向于买方、卖方经纪人会倾向于卖方。通常情况下，卖方经纪人不会把客户真正的底价告诉购房者，也就是说，买家从卖方经纪人那里得到的消息一般不是真正的底价，有空间的可能性大。

卖房者的第五个选择是买房客户。一套合适的房子会有不同人谈判，选择客户、选择有支付意愿、选择有强烈购买意愿的客户是一个功夫活儿，同一套房子跟不同的客户谈，成交价会差很多。支付能力和意愿强大的客户不会在价格上纠缠，双方只有一次价格交锋机会，一旦价格交锋超过一次便不可能以卖方最理想的价格成交。

建议客户看房的时候业主全程陪同，这很费时费工，很难做到。但是，这样做会使得业主能在第一时间判断出购房者的意愿、性格、支付能力，真正有意愿的客户在看房第一时间就会跟业主谈及实质性交易。

看房时候跟业主、中介交流很少，草草走个过场，这样的客户不太可能跟业主谈判。顺便说一句，只要没有仔细观察卫生间、厨房、阳台，一般情况下不是客户盘子里的菜。

卖房者第六个选择是付款方式。人类都有持币偏好，卖房者早一天拿到钱早一天安心，所以，多数卖房者会按付款方式不同给出不同的价格。全款最优惠、商贷次之，公积金和组合贷报价最高。对这一点我们十分不赞成，时间最短的全款和最长的组合贷，相差时间不过三个月，扣除首付，一套500万的房子能让出5万的价格，年化4%的成本，即使全款也不值得房主降价。有时候买房者会以高额定金作为条件，让卖房者在价格上让利。对这种条件，不建议卖房者接受，高定金能让卖房者先拿到20%的房款，但是20%的房款产生的利息一定不如让利那部分高。况且，定金最重要的作用是防止双方违约，卖房者在拿到部分现金的同时也背负了很重的违约条件。

最后就是几点小技巧了。

如果可能，最好把房间腾空，虽然是同样的房子，但腾空的房子给人以宽阔的感觉，也能给买家以更多家居想象。如果不能腾空，一定要收拾干净，干净的房子总是让人看着舒服，也更容易成交。有传闻有人为了卖房把楼道都刷新了，这种有点夸张，但是楼道里的灯泡最好还是换好。

诚心出售的业主，钥匙当然要留给中介公司；换句话说，有钥匙的房子一定是诚心出售的房子，目标是最大限度容纳客户。

如果房子内有租户，尽量等租期过后再出售房子，或者和租户解约再出售。出售出租的房子一定会给租户以严重的不安全感，不配合看房也就在意料之中，这种情况会延长成交周期。延长成交周期会给卖房者带来的损失多数情况下比损失租金更大。房款全款的无风险利率收入是房租的 2—5 倍，价格越高的房子差异就越大。

对国人来说，安家才能立业，老婆孩子热炕头，还是得有个炕头。房屋买卖是国人一生中最大的事情之一，和寻找人生伴侣一样，是一个撞缘分的事儿。缘分到了，可能对一套房子一见钟情；缘分不到，山穷水尽疑无路，就要盼望柳暗花明又一村了。

大家在看房的时候不要着急，先按估算价格选定区域，明确新房旧房还是次新房，然后就是艰难的看房历程。购房应该以居住功能为第一位，这是家庭最大的资产，现金换成了房子便没了风险，这笔钱左右是要买房的，房价涨跌反正都体现在房子上，跌了再换房也便宜，涨了再换房也会保值。

看到合适的房子千万不要犹豫，请记住我们提出的第一准则：重要的是当下。当下的房价已然如此，只能选择接受。

第 6 章
股道练心

进入证券市场，唯一的目标就是赚钱，尤其是如何赚大钱、如何赚快钱，A 股市场也确实可以做到这些。但是，大家还要记住，要想在 A 股市场里赚大钱、赚快钱，必须明白哪些事情可以做、哪些事情不能做，这是比赚钱更重要的问题。

投资之前，请回答四个问题

20 世纪 90 年代 A 股市场兴起一波造富大浪，2007 年、2015 年又掀起两次惊涛骇浪，踏浪者可得富贵。然而，中国 A 股市场早已不再是一个遍地是宝的去处，三十年功名尘与土，八千里路云和月，有人乘风破浪，有人折戟沉沙，在财富绞肉机里没三两把刷子别想捞金。

股市是最接近经济学假设自由竞争市场的地方：完全信息、同质商品、有无数买者和卖者。然而，这里从来没有真正实现过均衡价格，也许这才是自由竞争市场的天道。股市就是最讲天道的地方，顺道者昌，逆道者亡。

请一定记住：永远不要试图预测股市，在市场中能把握的只有当下。

没有人能够知道明天市场的涨跌，正如同没有人能够看穿自己的命运。人类总喜欢神秘，在一个充满未知的市场里，如果没有神秘的确定性就会不知所措。很遗憾，市场永远不可能预测，市场中唯一具备的确定性就是这里不存在确定的事儿。如果存在战胜市场的方法，前人一定已经通透，轮不到我辈说三道四。

糟糕的是，相当一批人非但没有探究神秘的觉悟，就连最基本的判断都是人云亦云：某某买股票赚了、某某说有啥消息、某某股票人家说很好。在A股市场或者说投资市场，不是别人赚你就一定能赚，你看到的结果未必是你的结局。

这是一种典型的“股市妄想症”，以情绪替代能力，总觉得应该涨多少、应该赚多少钱。市场不是想象的市场，对技术分析既不知晓，投资也没有充分的理由，既没有资金配置方案，也没有科学的交易系统，只知任性妄为，如此，市场岂能让您如愿以偿？

市场中永远没有应该，只有“当下”最为真实。只有不断对当下作出解读，哪怕解读与后市相反也算是一种修炼。没有不挨打的搏击选手，一次次试错才能磨炼出适合自己的交易策略，才能逐步修正交易方法，才能对市场之道有所悟。只凭一厢情愿，或者只凭别人只言片语、人云亦云就去买股票，典型的把“我欲”当作“我能”，在市场上永远不可能进步。

进入证券市场，唯一的目标就是赚钱，尤其是如何赚大钱、如何赚快钱，A股市场也确实可以做到这些。但是，大家还要记住，要想在A股市场里赚大钱、赚快钱，必须明白哪些事情可以做、哪些事情不能做，这是比赚钱更重要的问题。

不明白底线就贸然杀入，结果一定是赔钱、快赔钱、快赔大钱。

炒股或者说理财规划是一个科学的过程，必须对财务信息、非财务信息、收益预期目标、家庭成员情况进行充分判断，才能做出完整、科学的规划。这些信息对个人来说信手拈来，但信手拈来不一定代表真正了解，诚如在房地产部分所言，即使个人也不一定了解自己最优价位，往往是凭臆想而不是认真分析得出结论。如果换一个行业，比如说医生，没给病人做详细检查就开刀动手术，轻则造成医疗事故，重则害人性命；比如说将军，不了解敌情就轻易排兵布阵，折戟沉沙铁未销也就在所难免。

这是炒股散户常有的毛病。我接手的咨询案例中，几乎所有人都会问某只股票怎么样，几乎没有人给出投资的理由。

每次遇到这种情况，我不会像其他人一样立刻给出答案——因为没有答案。一只有投资价值的股票不一定适合每个人，市场每一个当下都是不一样的，站在静态角度回答这些问题没有意义。

遇到这种情况的时候，我都会反问四个问题，如果咨询者给出明确且清晰的答案，咨询才会继续。虽然这一章主要讲股市里的东西，但这四个问题是科学投资的前提和基础，适用所有投资品，所以请大家务必牢记：

您的钱是从哪来的？

您投资的期间是多久？

您投资的目标是什么？

您能承受多大的风险？

四个问题相互独立又紧密联系，衍生出投资者不能跨越的雷池。非只股票，做任何投资之前都必须明确回答上述四个问题，不清楚这四个问题的答案，就不要做任何投资。

第一个问题——您的钱是从哪来的？

这个问题看似简单，却是投资最基本的前提，丝毫马虎不得。钱从哪里来决定了钱往哪里去，具体来说就是决定了可以投资哪些产品，而坚决不能投资哪些产品。“股市有风险，入市需谨慎”不是一句口号，市场风险真实存在，只是很多投资人选择性失明，只看到收益、不关注风险。

选择性失明，风险就真的不存在了吗？

2015 年牛市末端很多人炒股用了 5—10 倍杠杆，结果众所周知。借来的钱终归要还的，有本有息，这就要求操作不但不能赔钱，还要覆盖资金成本，剩下了才算自己赚的。一些资金平台的年化利息高达 20%，投资者的收益必须在 20% 以上才能覆盖成本，股神巴菲特的年化收益才多少？如果真能持续做到这样的水平，过不了多久世界首富的宝座就要易主了。可事实是，人们只看到上涨带来的收益，根本不知道其中还有巨大的风险。

众生无明，只有好恶，没有对错。

当指数倾泻而下时，高杠杆无疑爆仓，倾家荡产不是什么新鲜事。有些人的行为更可怕，钱是用来治病的，之所以来股市，是因为有缺额，目为贪欲所迷。在他们眼里，市场遍地是黄金，来这里不是为了投资，而是为了挣快钱、快挣钱。殊不知，在任何地方七亏二平一盈都是不变的铁律，稍微夸张点说，市场是财富的刀山火海并不为过。可人们总是在重复着前人做过的事，却期望得到不同的结果。

后人哀之而不鉴之，亦使后人而复哀后人也。

杠杆也不是不能加，只是看加在哪里，加杠杆的人有多大能力控制杠杆，拿生命赌博是背水一战，而背水一战的胜率从来都不高。

请记住，“只有好恶，没有对错”是投资中的大忌，一旦把“我欲”当作“我能”，欲壑难填最终导致真金白银的损失。

第二个问题——您投资的期间是多久?

大家都知道收益与风险呈正比关系，但是，收益未必与投资期限呈正比关系。投资（尤其是股票投资）可不是存款或者银行理财，存款或者银行理财产品期限越长收益越高，股票仅从分红来说是时间越长、收入越高，至于资本利得，一定是期限越长，不确定因素越多，风险也就越大，收益可能提升，也有可能下降甚至亏损。

不是每一笔自有资金都可以无限期使用，所有资金都是有期限的，用于维持生活的支出没有任何弹性，用于医疗、购房、教育、养老的支出也没太大弹性。股票投资收益存在波动性，一旦被框定了资金时间限制，投资者心态就会受到影响，任何一点收益率波动都可能引起神经紧绷。所以，适宜用长期不用的资金做股票投资，遇到波动可以从长计议，即便出现亏损，也不会对心态造成多大的影响。

这个道理可以推广到理财产品的选择，很多人在购买理财产品的时候并不真的清楚规则，以为理财和银行存款一样可以随时取出。实际上，绝大部分有时限的理财产品不能随时变现，即便受损失也不能提出现金。真遇到用钱的时候，自己的钱在理财产品中取不出来，就很糟糕了。

必须明确投资期限不是因为收益，而是因为心态，心态会影响判断，判断会影响收益。给投资者放一个较长的期限，不必然意味着某一次股票买卖间隔时间较长，而是给投资者一个良好的心态，能在时间长短期之间从容选择，不必像短线操作者一样及时止损，即便被套了也可以等待价格的轮回。

第三个问题——您投资的目标是什么？

一千个读者眼里有一千个哈姆雷特，从事投资咨询行业多年，深知在一千个投资者眼里会有一千个目标。有人希望保本即可，有人希望收益超过银行理财产品即可，有人希望资产快速翻倍即可，有人希望资产顺利传承……有时根据投资人风险承受能力目标还要修正，每一个目标对应不同的投资方式，不同的投资方式又决定了不同的操作方法。投资的目标当然是赚取收益，问题是，在多长时间内赚取多少收益？

这个时候您可千万不要回答“越多越好，越快越好”，这样回答的时候您已经在亏损的边缘了。

尽管我们每个人都知道投资的目标是赚钱，但实际上很多人潜意识中的目标和理性目标并不一样，明明知道理性目标，操作的时候却按照潜意识中的目标。一个原因是，理性目标赚得少，受资产规模、风险接受程度、操作技术、家庭情况、年龄和健康程度等多方面影响，基本上是一个给定值。潜意识中的目标则简单了，靠想象，想多少就是多少，确实很鼓舞人心，不需要任何限制。于是，“我欲”就成了“我能”。

每个人都希望多赚一点，所以这种情况每个人都有，只是程度轻重不同。这个时候我们一定要秉承理性：“我欲”非“我能”，“我能”才是“我得”。

如果您想把5万元赚成1亿元，这样的收益目标就算此道高手也是白日做梦，资金量级一旦超过千万，运作方式和增值速度会骤然下降。如果您非要给自己定下来这样的目标，5万别说变成1个亿，能不能保住本金都是问题。

目标是一个体系，绝非简单的一个收益率。同样的收益率目标，在不同期限下实现难易程度完全不一样。有人希望翻倍，这个目标如果放在一周时间里，高手也做不到；但如果是几年甚至更长时间，那么普通人也完全可以实现。

所以，投资目标是一个体系，收益率、时间、止损线。接下来，我们就谈止损线——比收益率更重要的目标。

第四个问题——您能承受多大的风险？

要想打人必先挨打，没挨过打肯定打不了人。投资想赚钱，先要知道赔钱的概率，赔钱的概率往往比赚钱的概率低才能实现目标。投资要么在风险固定的情况下追求预期收益最大化，要么在预期收益固定的情况下追求风险最小化。

按照股市投资的模式，我们只能选择前者，因为收益不可控、风险可控。所谓风险可控，就是给自己划定一条亏损底线，一旦穿破底线，就要认赔出局，无论后市如何都不再关注。

底线是什么？是一条大过自己欲望的线。如果做不到这一点就不要谈什么投资。做不到这一点，人生注定也是失败的，一旦面对诱惑很难逃脱。世界上哪有那么多好事诱惑普通人？不过都是陷阱边上的诱饵罢了，身陷其中而不自知，就是把“我欲”想当然认为是“我能”，又幻想为“我得”。所有骗术都是利用人们心中的贪欲，把不可能实现的事情摆在您的面前，而股市中最常见的是“自我欺骗”，放大了自己的贪欲，投资时毫无防护，岂能不输？

钱从哪来、投资期限、投资目标、承受多少风险，四个看似简单的问题各自独立又相互影响，最终形成一个完整的约束体系，任何人包括机构都要在此框架下寻求最优解。投资不是简单的一买一卖，天猫京东的买卖只需瞬间就能完成，投资是在投入的时候才刚刚开始，直到卖出才结束，整个过程无时无刻不存在着机会，当然，也无时无刻不存在着风险。只有设定好买卖的框架，才能有最基本的逻辑可寻。

炒股规矩千万条，资金安全第一条；炒股不规范，亲人两行泪。遵循市场之道而不是按照个人好恶行事，这就是我们的股票第一课。

市场可知

2015 年股市伤害了很多人，有人在销户前找我咨询诉苦。我问为什么，他说感觉整个市场都在跟自己过不去，自己买入哪只哪只跌、卖出哪只哪只涨，整个市场跟自己反着来，好像有人盯着他操作，专门让他赔钱。

真是太神奇了……

在市场上赔钱的人都有这种感觉，觉得整个市场都在跟他作对。既然如此，我教您一个很好的方法——把计算机屏幕倒过来 180° ，您不是买入就赔、卖出就涨吗，按照这个逻辑，反着看 K 线就一定可以赚钱了。

把计算机屏幕倒过来肯定是一句笑话，但有相似感觉的股民恐怕不在少数。自己就那仨瓜俩枣，却总不能如愿盈利，好像账户被人盯上，进了一个诈骗圈，难道真的有庄家在监控自己的操作吗？

这事儿真没有，监控他人账户操作是违法行为，即便庄家有这个能力，也不会为了散户几毛钱去干那些偷鸡摸狗的勾当。

股票投资最难的就是选择买卖点、选择标的（哪只股票），在一个变化的市场中一切选择都有风险。不要小看买和卖的选择，二选一，可能就是选不对；与选择买卖点相比，选择股票相对容易些，只要时机选择正确，任何一只股票都有赚钱的时候，差别还是在买卖点的把握。

问题的根本，还是落实到股民自己身上。绝大多数股民之所以亏损，是没有弄清楚下面的问题：市场到底是一片混沌，还是遵循一定的规律？

回答这个问题之前，先解释另一个更基础的问题：市场到底是什么？市场就是上海、深圳证券交易所，是投资者集中买卖股票的地方？

股票市场的确就是交易所，但是，交易所只是股票交易的表现形式，不是根本。交易所里演绎的是每一个投资者对财富的贪、嗔、痴、疑、慢，如果人性永恒，市场规律将同样永恒；如果人性可知，那么市场也就是可知的。在某一个确定的时点，全世界的交易所都在演绎着同样的故事；自荷兰阿姆斯特丹证券交易所建立起，任何一个时段交易的特征也都是一致的。因为，在真实的利益交换面前，人性无所遁形。

市场既然是人性的一种反应或者说表现，那么所有的股票交易就都有类似之处，不同之处只是筹码。很多股民痴心于选股，总想在 1000 多只股票中选出一只一飞冲天的股票，但从技术分析的角度来说，选择 A 股票和 B 股票不存在显著差异。对于真正的技术高手来说，所有股票的本质都是一样的，目标都是低吸高抛，都是一样赚钱的筹码，不同的只是名字而已——大盘股、小盘股、蓝筹股、白马股，可能筹码特点会有一二不同，但交易遵循的逻辑却是一样的。

悟道者从来不在意做哪只股票，只要遵循市场之道，所有股票都可以获利，区别只是筹码名称存在差异，盈利空间会出现差别。至于按照财务数据、基本面、板块来分析，这是另外一种投资模式，这里不涉及。

古人云，君子爱财，取之有道。在股市中这个“道”就是每一个人对市场的感悟。

与其关心标的，不如将心思放在如何领悟市场之道。道可道，非常道，市场之道就是解读市场的方法。任何市场都有规则，变化的市场、变化的价格，永远不变的是市场的规则，是市场之道。

什么才是市场之道？

1950年，美国斯坦福大学有个名叫砝码（Eugene F.Fama）的教授在AER[1]上撰文，提出了“有效市场假说”。砝码是当代金融学奠基人，这篇文章所提出的“有效市场假说”则是当代金融大厦的根基。砝码因此获得了2013年诺贝尔经济学奖，获得全世界最高权威奖项的肯定。砝码被冠以“现代金融之父”的头衔，有如殊荣，可以得出结论了吧？

“有效市场假说”简单说就是市场价格可以反映一切信息，所有知道的、不知道的、已经发生的、将要发生的，都反映到了一点——价格。价格反映一切信息，是股票市场分析的基础和前提。

令人啼笑皆非的是，砝码在全球金融界顶尖圈层并非无敌，反对他的声音很强烈，反对者也获得了诺贝尔经济学奖的殊荣。

2017年，美国经济学家理查德·塞勒(Richard Thaler)因在行为金融学提出了“输者赢者效应”而获得诺贝尔经济学奖。所谓“行为金融学”从基础上否定了当代经济学的根基性假设“理性人”，证据之一就

1 American Economic Review，全世界排名第一的经济学学术期刊。

是资本市场上投资者的非理性。

关于这个问题，塞勒提出：投资者总是根据过去的经验对未来进行预判，对于历史上接连出现坏消息和好消息的公司投资者总是过度评价，导致两种类型公司的股价偏离其基本价值，市场会对这种情况进行自我修正，低估的坏消息公司股价会上涨，投资者获得正的超额收益；高估的好消息公司股价会下跌，获得超额负收益。

根据塞勒的研究成果，股票投资收益可以被锁定，只要买入过去三五年内被过分悲观判断的公司、卖出过去三五年内被过分乐观评判的公司，就可以形成一个套利组合，获得超额收益。

砝码和塞勒对股票市场的观点截然相反，但他们都获得了诺贝尔经济学奖，投资者应该相信谁？

瑞典皇家科学院对两种矛盾理论同获诺贝尔奖给出了解释：几乎没什么方法能准确预测未来几天或几周股市债市的走向，但可以通过研究对三年以上的价格进行预测……这些看起来令人惊讶且矛盾的发现，正是今年诺奖得主分析做出的工作[1]。

砝码自己也曾说过："有效市场假说"只是一个模型，因此并不是完全真实的。事实上，没有哪种模型是完全准确的，它们只是近似于我们的真实世界[2]。

市场是否可知，从心理学和人性的角度可以得到答案。

股票市场上无数人都跟你一样，人性的弱点同样也会出现在别人身

---

1 来源：豆丁网。

2 新浪博客（http://blog.sina.com），2019。

上。所以，市场价格才会从来没有断点，哪怕是涨停、跌停、妖股，在每一最微小的时点上都会形成价格认同，如同大海的波浪从未停止。

当你情绪崩溃的时候，市场上的其他人也会崩溃；当你欣喜若狂的时候，一定也有无数人跟你一样狂热。

恐惧让你在底部卖出，贪婪又让你在高位犹豫不肯获利了结。于是，恐惧变为损失，欢喜也变成一枕黄粱。在恐惧与贪婪的轮回中，所有人的情绪都是一样的，没有人能逃过这个轮回。

在市场中，每一个人的情绪都在左右决策，在推动、影响股价，就像那句诗“你站在桥上看风景，看风景的人在楼上看你；明月装饰了你的窗子，你装饰了别人的梦”，每个人既是市场的参与者，情绪又受到市场的影响。

市场可知，因为，君心似我心。市场可知是学习技术分析最需要清楚的一个前提。简单点说这是一个基本的要求，狂妄点说这是市场的道，任何人包括所谓庄家，都逃不掉的就是我将要告诉你的这些最基本的东西。

只要是市场的参与者，庄家也不例外，请接受我提出的结论：市场可知。否则您也不必进入股市，那点钱还不如去买彩票。

市场可知，并不意味着市场里的钱是谁想赚就可以随便赚的。小小散户，凭什么能从机构那里虎口夺食呢？人家机构学历高、资金规模大、研发能力强、团队作战，脑瓜都比您多好几个，学历、资金、研发能力、脑瓜……哪一项您有优势？

这样的比赛，不用猜都知道结果。

机构 VS 散户，赢在资金、人才、设备优势吗？很多人就这样认为，觉得自己的失败是因为资金太小，对抗不了庄家的大资金。

事实并非如此，机构投资者跟普通人有着一样的心境，也就一定有着一样的投资结果，看看股票型基金，不管公募、私募，熊市中哪个不跟散户一样亏损连连？难道市场就是靠天吃饭？

市场里所有的参与者都是普通人，散户是，机构也是，面对市场涨跌都会有恐惧和贪婪，都会有任何人都永远无法舍弃的贪、嗔、痴、疑、慢。所谓机构投资者落实到具体操盘手也是人，能把散户当韭菜割的高手不是没有，而是太少太少了。至于公募基金拉升股价（或做空），在某一个点位搞点老鼠仓盈利，然后留下一地鸡毛……这不是庄家，连小偷都算不上，最多是一群靠暴力抢劫的亡命之徒……当然，市场之下，就算是这样的套路也必须遵守市场的规则，否则任何一个国家的监管都不会坐视不理。

在市场中，盈亏和资金大小没有直接联系，比例都是一样的。1万元有10次翻倍就达到了千万级，1亿元十次对折也不会剩下多少。相对而言，熊市中大资金反而死得更快。市场是道，既然是道，永不可违，顺道者昌，逆道者亡。要想在这里生存下来，必须悟道，用自己的智慧去发现、规避风险，捕捉想要的猎物，否则就会成为别人的猎物。

在所有的得道途径中，关于股票技术分析的方法，对于普通散户来说是最容易学习的。

在所有技术分析方法中，不管这指标、那方法，运用的基础和前提都是价格。如果说市场是所有消息的集合，那么价格就是这种集合的最终反映——在某一个时点上，万千投资者的念力凝结成巨大的力量终究要形成一个数字——股价。

在市场上，股价可以代表一切，代表最后的输赢。

价格波动代表真金白银，一涨一跌，就是每一个人的贪、嗔、痴、疑、慢，是每一个人的喜、怒、哀、乐、爱别离、怨憎会、求不得，旋转着人生七彩的玄幻泡沫，也是每一个人的最真实的人性。

股票技术分析

市场是人性的体现，技术分析的本质就是看穿人性。看穿之后，至于能不能克服人性弱点，就要看每个人的缘法和造化了。

人性是什么？贪婪和恐惧。有贪婪、有恐惧，市场才有涨跌，所以市场永远不可能实现所谓理论上的“均衡”，即，股价永远不可能横盘不动。我们是人，不是神，每个人身上都被上帝涂抹了底色，不可能完全克服贪婪与恐惧，也就必然无法摆脱人性。所以，技术分析永远有效。

技术分析有很多流派，所有技术指标都是在价格基础上通过某种算法加工而成。所有技术分析都有一个目标——如何选择标的，如何找到准确的买卖点，从而实现低买高卖。对技术分析来说，选股不是问题，所有的股票都可以用一种技术分析手法操作。

如何选择买卖点，明晰这个问题的过程就是从韭菜到高手的过程，所有亏损的原因都是在买卖两个点的选择上犯了错误。于是，人们开始在先人的故纸堆中探寻，方法换了一个又一个，牛人拜访了一波又一波，时间、金钱没少花，最后还是不得甚解。

长久以来，很多人不是在修正策略，就是在修正策略的路上。技术分析方法不管用？学习的人没有天赋、无法领会？还是市场根本没有技术分析这回事？

请不要怀疑技术分析的有效性，不是技术分析无效，是您自己无法控制自己。人性本身就很难琢磨，人有时候自己都看不穿自己，如何看穿他人？

尽破藩篱，守在悟彻诸天。

想要找到这个问题的答案，先要从技术分析本身说起。现在市面上流行的技术分析方法，不外乎道氏理论、波浪理论、缠论与各种指标理论。当然，还有认为市场不可知的随机游走（random walk）理论，由于讨论的前提发生了变化，所以这里不深究。

各种理论天花乱坠，每种理论都能给出头头是道的买卖方案，例如按照道氏理论，突破趋势线应该买入，跌破趋势线应该卖出；按照波浪理论，应该主要做上升浪的1、3、5浪，规避调整浪；按照缠论，一类买点是最转折点，二类买点是最安全的进场点，三类买点是上涨最快的点，反之反是；按照指标理论，金叉买入、死叉卖出；价格上穿均线买入、价格跌破均线卖出……每种理论都有众多信徒，大家有时候还会像江湖上的大侠一样相互瞧不上。

策略或者说技术方法有很多种，可以说，没有一种是真正放之四海而皆准的真理。因为，运用方法的是不同的人，每个人心境不同、环境各异，在不同的土壤里，怎么可能产生一致的操作方法？

所有的技术分析方法看似没有联系，终究可以归结出一个共同点——趋势分析，即跟随趋势。问题的关键在于，只有趋势形成后才能被确认为趋势，在趋势没有完成之前无法验证结论正确与否。

比如道氏理论里的突破买入、跌破卖出，波浪里的上升浪，缠论里的一类买点是反转趋势、二三类买点是上升趋势，金叉、死叉买卖法也是如此。在任何趋势买入法中，理论体系总是事前规定N种预设情况，对应的情况出现时，按照对应的策略执行即可。

这些方法没有好坏之分，市场出现相应理论的情况，按照对应的策略操作即可。如果非要评价方法的优劣，个人认为只要理论对市场的走势能够给出完全的分类，则说明该理论的强大。

很多股民认为这个理论不行、那个理论不行，其中最重要的原因是没有搞清楚趋势买入法的精髓，甚至连最基本的分类情况和对应的策略都没有掌握，而是凭一知半解的“自以为”操作，最后你不赔钱谁赔钱?

了解了技术分析法的精髓，掌握了这些方法，就能盈利吗?

不一定!

趋势买入法没什么科学依据，到了某个临界点必定出现对应的情况吗?比如震荡一段时间后是继续向上突破还是继续震荡，金叉之后股价一定顺利上涨吗?

再次提醒大家记住金融市场中唯一确定的事：市场上从不存在确定性，任何技术分析方法给出的答案都不可能绝对正确。

出现某种情况，之后会如何，在具体的操作上是一个概率问题，例如在上升趋势的震荡结束后，继续向上突破的概率大；金叉之后股价继续向上突破的概率大。

炒股不仅要学方法，更应该知道技术分析的目标是在一定概率下求得财富。很多股民之所以不断在各个理论间犹豫徘徊，就是没看清这一点。即便股神巴菲特运用的策略，也存在一个准确性的问题。不能因为一两次的失败否定全部理论，这就像投硬币，只要投的次数足够多，理论上正反面出现的概率应该是1:1，如果投了3次都出现正面，就否定1:1的概率，显然不科学。

即便是预设的理论，也存在类似于投硬币这样的不确定性，只不过因为有了预设的前提，在心理作用下按照规定情况发生的概率比较大而已。我们再次重复一遍，**交易中唯一确定的事就是存在不确定性，投资者要做的就是在这种不确定性中寻找确定性，这才是交易的本质。**

如何寻找确定性?

首先要选择相信，相信自己选择的技术分析方法，哪怕是最简单的均线金叉买入、死叉卖出理论。

很多事情因为相信才会存在，不是因为存在而后才去相信。

技术分析方法就属于这类，所有的技术分析方法都是一种共识，只有交易者相信这种方法，在某种情况下达成共识，才会出现对应的情况。如果没有共识，技术分析方法也就失去了存在的意义。

就像全世界都认可的美元，其实就是一张纸，之所以能够在全世界流通、买全世界的商品，甚至当成攻击其他国家经济、金融体系的武器，就是因为全世界都认可美元，都把它当成硬通货，如果哪天认可美元的共识没有了，美国的霸权地位也就消失了。

扯得有点远，继续说技术分析。

上面说了这么多，看似对操作没有任何指导意义，其实这才是干货。

其中的道理是我用几年才醒悟过来，虽然不能让你照葫芦画瓢直接去操作，但它可以作为一个参考，让大家在交易的道路上少走弯路，至于能领悟多少，还是要看缘法。

从这个道理出发，悟出的**最大法则就是跟踪趋势，依据概率，赔小赚大**。跟踪趋势，就是所谓顺势而为。因为 A 股只能买入上涨盈利，所以只选强势板块、强势个股操作，在技术上选择那些明显多头趋势的股票操作。

如此，成功的概率也就提高了。

交易中概率很难精确计算。金叉之后继续上涨的概率有多少？谁也不能给出具体的数值，但有一点可以确定，在所有人的共识推动下，继续上涨的概率大于下跌的概率。

对于操作而言，知道这一点就足够了。

交易没有持之以恒的百分之百正确，只要保证一定的准确率或者一定的盈亏比，哪怕亏损甚至连续亏损都无所谓，只要保证小亏大赚，最后一定能赚钱。一个最简单的例子，如果每次的盈亏比在 3:1（意味着一次盈利可以承受 3 次亏损），哪怕只有 33% 的正确率，股民梦寐以求的长期稳定盈利都能实现。33% 的正确率很多人看不上，实际上，这又是一个 99% 的投资者（含机构投资者）都达不到的目标；如果你能把准确率提高到 50%，巴菲特也会自愧不如。

说了这么多，都是些形而上的东西，没有具体招式，相当于武术的内力，可以应用到所有门派的任何招式中。

有了内力，招式还难吗？

市场防身术

中国武术套路练得再多，不经历实战一样无法应用于搏击。技术分析中有很多方法，就如同中国武术有很多流派，就算知道所有的流派、所有的技术分析理论，不在市场上实际操作也没有用处。

搏击的关键是速度和力量，技术分析的关键是选择买卖点。要选好买卖点，必须了解“量价时空”四个字，即，量能、价格、时间、空间四个因素，所有技术分析万变不离其宗。

搏击的招式越简单越好，技术分析的方法未必特别复杂。搏击中有“女子防身术”，用反关节的原理，一个弱女子加以适当训练（请记住这个前提）也能战胜彪形大汉。技术分析中也有一些简单有效的方法，我为您详述之。

市场中所有的指标，都是在量能、价格、时间、空间的基础上作出来的，只是各种指标的计算方法不同，最后的表现形式不同。和千变万化的汉字一样，技术指标的形态、含义大相径庭，只是因为笔画、笔顺排列组合不同而已，再复杂的汉字都离不开最基础的“永字八法”；同理，再复杂的技术指标也离不开“量价时空”四个要诀。

实际上，指标算法越复杂，受到的干扰因素越多，最后得到的结果反而不会太理想。说句题外话，看看现在那些机构的所谓模型，动辄弄一堆数学模型出来。要知道市场的本质是人性，计算机可以模拟人性吗？为了知道变量间存在怎样的自相关关系，弄个格兰杰因果检验就算结了？不知道一个计量模型变量只要超过三个就没啥实际效果吗？

市场操作不是玩模型和数学公式的地方，计量经济学模型错了可以纠正，市场中所有的检验都要用真金白银。所以，还是简单点，回归到最原始、最基本的东西，把这些掌握熟练，就足以在市场中获利了。

我们给您提出的“防狼术”是均线和 MACD 两个最简单的指标。

不管是均线还是 MACD 指标，都可以各自构建一套买卖系统，由于它们的计算方法、参数不同，发出信号的时间必定不同，如果分别使用，当信号发出时，参考这两个系统就可能因为出现不一致的情况而不知所措。参考标准不同，就像一个人戴了两块时间不同的手表，发出不同信号的时候，到底应该哪个对？

好在技术分析不是两块手表，均线和 MACD 系统有时候发出的指标是一样的。那么，我们就选且只选两个指标发出同样买卖信号的时点，只要两个系统信号不一致就不能构成买卖决策。这样的方法还是有可能错误，但是，二者发出一致信号的点位进行买卖，一定会增加操作的准确度。

因此可以制定这样一个交易策略：当 MACD 的黄白线和均线（此处指 5 日均线、10 日均线）同时产生金叉时，买入股票；当 MACD 的黄白线和均线（此处指 5 日均线、10 日均线）同时产生死叉时，卖出股票。

注意，在单独使用 MACD 指标时，必须区分黄白线所在的位置是零轴之上还是零轴之下，关注金叉、死叉产生在零轴之上还是零轴之下。当 MACD 指标和均线系统配合使用时，可以忽略这一点，不论产生信号的位置在零轴上还是在零轴下，只要发出信号，就可以按照上面的策略操作。

来看一个例子。

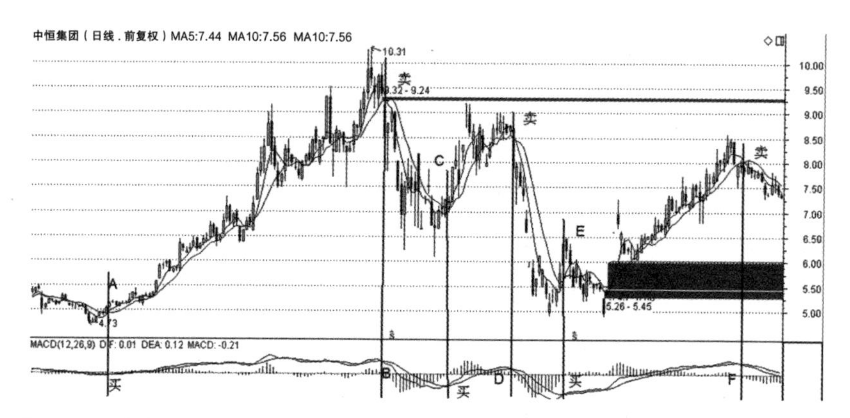

图 6-1　中恒集团 600252（2015 年 1 月 14 日—2015 年 12 月 31 日）

图 6-1 是中恒集团（600252）将近一年走势，MACD 黄白线、均线分别出现过多次金叉和死叉，其中符合理论要求的点——MACD 黄白线和均线同时出现金叉或死叉，共有六次，这是买卖信号。

从图 6-1 中可以看出，MACD 和均线结合之后，买卖频率比单独使用二者之一的任何系统都低，说明双金叉、死叉系统滤除了一部分买卖信号。

在这六次符合要求的信号中，A、C、E是MACD和均线同时出现金叉，是买入信号；B、D、F是MACD和均线同时出现死叉，是卖出信号。六次买卖AB、CD、EF分别是完整的一次买卖过程。

观察这六次交易发现，AB、EF两次是盈利的，AB在83个交易日里盈利最大，达到73%。EF在53个交易日盈利超过22%。CD这个交易过程，由于产生金叉时是涨停K线，出现死叉时是跌停K线，虽然图上看着是盈利的，而实际上是不能盈利甚至会出现小幅亏损。

那么，总结三次买卖，在一年内的盈利幅度接近100%，并且成功躲避了BC、DE这种大的下跌风险。

总的来说，成功率和收益率都相当可观。

进入市场，要学习的不仅是最简单的方法，也不仅是一两项技术，技术毕竟是“术”，不是“道”。所谓市场之道，是心态，是逻辑，是一套完整的交易思维。如果说市场悟道是有山门的，我们也只能给你指明方向，市场修心的是你，不是我。

市场是一个没有人能说清楚的地方，大道三千，都是道，因为市场真正的道心是人类撕下所有面纱，在赤裸裸的利益面前无所遁形的思维。

股道炼心，磨灭的是人性，当有一天你能放下交易、放下盈利，以一个旁观者的角度，开始细细地体会其中的道，静下心来玩味这每天几个小时的图形，才有可能真正圆满，那可是世界上最贵的图形，用无数金钱画出来的最真实的世界，任何个人、机构之力哪怕通天，要达到那个点都必须付出对等的代价。

股道炼心，在这里你能看到平凡也能看到伟大，看到繁华也能看见青灯寂寞，那是我们每一个人最真实的生命，只是在这里以价格的方式被标注出来，又让你得到了最直接的回报。

股道炼心，在市场中能悟道几分，在红尘中同样能有几分所得。看惯了涨跌并将它置之度外，才能把贪、嗔、痴、疑、慢真正抛之于脑后，只有可以不在乎的时候才能做到无憾。那时候再大的波动都会变成一种宁静，涨跌自在掌握之中，那时才回归了一个圆满。

不然，只识盈亏怎么可能摆脱执念和欲望？一旦有了那一丝盈亏执念，将被市场所羁绊。一颗心根本就不洒脱，何以圆满？

市场之道：交易习惯和仓位管理

想在市场盈利，方法这一因素所占的比例，最多不超过 1/3。技术分析方法就那么多，人人都能学会。为什么大多数人都不能盈利呢?

《周易・系辞》："天下同归而殊途，一致而百虑。"

同样的方法，不同的人运用会有不同的结果，其中的原因之一就是交易习惯和仓位管理。交易习惯和仓位管理就像"损有余而补不足"的天之道，有了这个天道，就可以弥补技术分析方法的缺陷，让技术分析不好的人少亏钱；没有这个天道，技术分析好的人也赚不到什么钱，甚至亏损。

有句话说：有道无术，术尚可求也；有术无道，止于术。君子德才兼备，有道无术尚可修为，就算像虚竹一样的小和尚，也可以成为一代宗师。如果有术无道，即使你是三国第一猛将，有"人中吕布，马中赤兔"一样的高强本领，也最多被人评价为"匹夫之雄耳"[1]，最终难以功成名就，甚至留下千古臭名。

做人和炒股是一样的道理。

1《三国志・魏书十四》。

市场就是一个放大镜，不管你有什么优点、缺点，好的习惯、坏的毛病，都会成百上千倍地被放大到市场中，最终反映到盈亏上。要想在市场中盈利，先学习如何成为一个更优秀的人。

在市场的交易中，技术分析方法就是术，交易习惯和仓位管理是市场之道、弥补人性弱点之道。术可以学习提升，道不可逆，而且这是最终决定盈利程度、在市场生存状态的决定因素。

下面先说交易习惯，再说仓位管理。

好的交易习惯首要是在买股票时先搞清楚为什么要买，买它的理由是什么，是短线的还是中线的，风险收益比分别是多少。市场不是赌场，市场的操作是可以精心安排的。当你买入时，你必须问自己：

这是买点吗？

这是什么样的买点？

大级别的走势如何？

当下各个周期走势如何分布？

大盘的走势如何？

该股所在板块表现强弱？

万一出现意外情况怎么办？[1]

……

卖点的情况类似。你对这只股票的情况分析得越清楚，操作才能更得

1 “缠中说禅”实战理论（文华财经整理修专业正版），http://www.docin.com/p-578294320.html。

心应手。然后要按照技术分析方法设计好介入的模式和仓位，坚决执行，不被市场的任何波动所影响。

现实中股民经常忽视这些而去追寻买卖点，殊不知养成好习惯是投资第一重要的事情。即便是熊市，每天也有很多涨停个股，市场中永远有机会，关键是有没有发现和把握机会的能力，而这种能力的基础是一套好的操作习惯。

很简单的道理，股票上涨了才能盈利，所以买点只出现在下跌过程中、卖点只出现在上涨过程中，如此根本不存在追涨杀跌。至于买卖点的判断，如何提高其精确度，那是一个理论学习与不断实践的问题。

在散户中最常见的一个现象是，买了立马就跌、卖了瞬间就涨，所以下次就不敢尝试了，这在没有交易系统的散户中太正常了。对买卖点的判断，任何人开始都达不到很高的精确度。毕竟是人，人总有盲点与惯性。习惯性多头经常买早卖晚，习惯性空头经常买晚卖早。就算理论基础很扎实，这种习惯性因数也会导致真正的操作与理论所要求的操作时间有偏差。要改变这种习惯性力量，不可能是一天两天的事情。[1]

买卖点可以经过练习提高，但前提是养成这一套程序与习惯。与操作精度相比，好的交易习惯更重要。无论你对买卖点判断的水平如何，即使是初学者，也必须以此习惯来要求自己。

这里分享一个养成好的交易习惯的方法。

例如对于前面的双金叉理论，先用理论对股价历史走势图进行分析，

---

1 “缠中说禅”实战理论（文华财经整理修专业正版），http://www.docin.com/p-578294320.html。

确保自己弄清楚了过去的走势。有了这个基础之后，不必着急进入市场，可以开个模拟账户操作，分析每次的操作记录，将之与实际走势对比、总结，发现自己对理论理解的问题，不断修正。

这个过程最少要半年，如此有了足够把握后，才开始真正的实战交易。有人说这样的过程太漫长，殊不知这比你拿着自己的血汗钱在市场上打水漂强一百倍。

当你真正进入市场，就不要再关心盈亏。投资不是一锤子买卖，只要你还在市场，账户里的钱本质只是放在那里而已，不能让盈亏影响交易习惯。通过交易习惯的养成，去掉感性的判断，增强理性、科学的思考，把自己培养成一个赚钱机器。方法学会了，好的交易习惯养成了，还怕在市场上赚不到钱?

想成为赚钱的机器，需要更多的努力，关键是真正学会一套理论，养成一个好的交易习惯。如此，赚钱就成了顺便的事，只要有足够的时间，自然能赚足够的钱。

如果你还没养成交易习惯，那么就强迫自己去执行这个过程，否则就离开。

初学者一定不能采取小周期的操作，你对买卖点的判断精确度不高，如果还用小级别操作，不出现失误就真是怪事了。操作的级别越小，对判断的精确度要求越高，因频繁交易而导致的频繁失误只会使心态变坏，技术也永远学不会。先学会站稳，才考虑跑，否则一开始就要跑，不跌跟头才怪。

好的交易习惯都是当下的。在市场上谁与市场对抗，只有痛苦与折磨。市场是残酷的，对于企图违反市场的人来说，市场就是他们的死地；市场是美好的，市场就是巴赫的赋格曲，那里有生命的节奏。一个没有好的交易习惯的参与者，等待他的永远都是折磨，抛开你的贪婪、恐惧，才能把握市场跳动的脉搏。[1]

市场就是一个这样的狩猎场，首先你要成为一个好猎手。一个猎手首先要习惯于无言、习惯于观察、习惯于选择，所以，才能猎取。挣钱，本来就是很简单的事情，不过是一个良好习惯与操作策略的结果，一点都不用费劲。那些费力才能挣到的钱，也留不住。

再说仓位管理。

对于小资金来说，仓位管理反而会增加交易成本。只有 1 万元投入股市，还要学巴菲特“不把鸡蛋放在一个篮子里”，买上几只甚至十几只股票，这样做的建仓成本就会占几个百分点，不是平白无故的损失?

小资金几乎无所谓仓位管理，看准一个标的一直做即可。随着利润的积累，资金越来越大，资金管理就成了最重要的事情。

没有好的资金管理方法，即便是大资金，也很容易被打成韭菜样。因此，养成好的资金管理习惯极为重要。资金对于股民来说就是生命，没了生命还拿什么玩? 亏得一毛不剩是件可悲的事，好的资金管理才能保证资金积累的长期稳定，在某种程度上，这比任何的技术都重要，

---

1 “缠中说禅”实战理论（文华财经整理修专业正版），http://www.docin.com/p-578294320.html。

而且越来越重要。对于大资金来说，最后比拼的其实就是资金管理的水平。

开始资金管理前，首先要保证资金必须长期无压力，这是最重要的。有人借钱投资，盈利后还继续加码，结果就是一场游戏一场梦。[1]

技术分析具有不确定性，各种技术分析方法也有自己的优缺点和适用范围，在实际操作中可以用不同方法降低这种不确定性，但几乎所有指标、方法制定的基础都是量能、价格、时间、空间四个因素，即便使用不同方法，也不能完全消除这种不确定因素。

怎么办?

仓位管理恰恰是弥补这种不确定因素的最好利器。

很多人喜欢全仓买、全仓卖，这样做除了带来交易的快感，对于盈利本身没有任何帮助，甚至会带来负面影响，最大的不利就是将自己完全置于被动地位。

这一点需要特别注意，不要轻易满仓或者空仓。满仓意味着没有了后援力量，一旦出现意外情况，命运只能交给市场，任由它摆布。大家都知道，市场发起疯来极端狂野，有时后果不堪设想。此时，投资者就像无根的浮萍，无依无靠，市场到哪里就跟着到哪里，让人非常没有安全感。另一种情况，空仓意味着变成了绝对的空头，一旦出现上涨，就失去了所有赚钱的机会。

所有炒股人必须知道一条真理：**炒股必须控制仓位**。有了仓位控制就

1 “缠中说禅”实战理论（文华财经整理修专业正版），http://www.docin.com/p-578294320.html。

有了风险控制，就给资金上了保险栓（当然，会降低盈利的速度，不过与亏损相比还是值得的）。

仓位管理还有一个好处，就是让技术不好的人操作精度不用那么高。虽然对于 1 万元资金和 1000 万元资金来说，赔钱和赚钱的速率一样，但资金大小对于买卖点的把握和精确度的要求不同，小资金必须把握精准的买卖点，而大资金就可以在一个区间内买卖。

如何进行仓位管理，这里有一整套科学的计算体系。这里我以个人的情况举例说明，大家自行判断自己的操盘仓位。

假设有 10 万元资金，那么我先给自己戴上一个紧箍咒，总亏损额不能超过 15%（1.5 万元），任何一只股票交易的亏损不能超过 5%（即 5000 元），一旦超过，立即止损出局。

其次，确定每次操作的标的数量，不超过 3 个，以免超出这个限额影响精力。然后，确定每个标的最大的持有数量，例如一只 10 元的股票，由于最大忍受亏损为 5000 元，如果单只标的亏损限额为 6%，那么最大持有数量不应该超过 8333.33 股（5000 除以 10 与 6% 的乘积）。

再次，确定好了最大持股数量，需要根据技术分析判断止损位，如果止损低于我可能接受的最大亏损，那么就进行下一步，否则放弃这个标的。

最后，确定风险收益比。短线交易如果大于 3:1，则交易继续，否则放弃；长线交易大于 5:1，则继续，否则放弃。

如果每天的亏损额达到 1.5 万元的 15%，我将平掉亏损最严重的标的，并停止全天的所有交易，休息一会儿，给自己一个冷静思考的时间，重新制订计划后再操作。

以上步骤不涉及任何困难的数学计算，任何人都可以学会。说句不吹牛的话，这样的仓位管理方法胜过任何一位所谓的技术分析牛人。仓位管理的方法有很多种，这最多算抛砖引玉，希望引起大家的重视和行动。

第7章

巴菲特不肯说的秘密

巴菲特连续多年占据《福布斯》富豪排行榜前三甲的位置，即便2006年将全部财富的85%捐给了慈善基金会，此后数年又捐赠数十亿美元，他仍在福布斯2018年财富榜中以840亿美元的身价雄踞第三位。

价值投资的根本

当今世界谁是炒股赚钱最多的人？恐怕全世界股民的答案都是一致的，此人非沃伦·巴菲特（Warren E. Buffett）莫属。

11岁时巴菲特就买入了人生第一只股票，从此在股票投资上一发不可收拾，直到成为世界首富。

巴菲特连续多年占据《福布斯》富豪排行榜前三甲的位置，即便2006年将全部财富的85%捐给了慈善基金会，此后数年又捐赠数十亿美元，他仍在福布斯2018年财富榜中以840亿美元的身价雄踞第三位。

巴菲特管理的伯克希尔·哈撒韦公司从一家濒临破产的纺织厂成长为股价超过30万美元、每股净利润的增长率年化超过20%、总市值超过2200亿美元的世界著名集团公司。有人做过统计，截止到2017年，伯克希尔的市值增长了10880倍，同期标准普尔指数年复合增长只有不到10%。

巴菲特的成就有目共睹，他成为股神的秘籍是什么呢？

众所周知，巴菲特是价值投资的信仰者和坚定执行者，价值投资是巴菲特成功的秘籍，准确说这是公开的秘密。

所有公开的东西，都称不上秘密。全世界有谁坚持巴菲特的价值投资理念，从而取得和巴菲特一样的成绩吗？

没有。

既然大家都知道巴菲特成功的路径，为什么没有人能复制他的成功呢？是巴菲特有所隐藏吗？还是“橘生淮南则为橘，橘生淮北则为枳”，价值投资的理念在其他人身上和其他市场根本行不通？

在回答这个问题之前，我们有必要搞清楚巴菲特的价值投资理念到底是什么。

所谓价值投资，简单地说，就是寻找那些价值被低估的企业，并长期持有。什么是价值被低估呢？即便只读过高中的人应该也记得经济学中的一条基本原理：价格围绕价值上下波动。

按照最简单的理解，价格在价值之下的股票就是被低估的。古典经济学家马歇尔也曾发表过自己的观点：价值是相对的，表示在某一地点和时间两样东西之间的关系。

所以，低估应该是指那些价格低于价值的企业，投资这类股票就是价值投资。

股票的价格实时显示在交易软件上，任何人都可以轻而易举地看到，对于大多数人来说，困难的是如何估算一个企业的价值？

对于这个问题，一千个人会有一千个回答，不如先听听股神自己的说法。巴菲特本人在《写给股东的信》中这样解释：企业价值等于某家企业在其剩余的企业寿命中所能产生的现金，经过折价后的现价。

理论上，这个解释很容易验证，会用计算器就能算出来。问题是其中两个因子根本无法估计：“企业寿命”是多少？会计假设企业是永续经营，没有死亡日期；至于能产生的现金流就更是玄妙，这可不是看一看现金流量表就能算出来的，人家要的是未来现金流，而不是当前现金流。须知，当前现金流跟未来现金流根本不是一码事。

那么，可以肯定的是，按照股神这句话去投资是根本不可能的，因为计算器和数学公式不可能估算一家企业的价值。所以，巴菲特还有没说出来的秘密。果不其然，他还这样说过：你知道内在价值的计算和评估是多么的重要啊，我是不可能在白天当着外人计算任何一个公司的内在价值的，如此重要的工作，我都是安排在夜深人静的晚上，一个人悄悄地计算公司的内在价值[1]。

巴菲特的价值投资计算模式，好像是百年老店的偏方秘籍，不但不能对外公开，自己也要在夜黑风高、四下无人的时候拿出来……

真的如此吗？

未必。

作为与巴菲特合作四十多年的伙伴，查理·芒格（Charlie Thomas Munger）在一次投资者见面会上“不小心”揭穿了这个“谎言”：我和巴菲特合作的这几十年里，从来没有看到过巴菲特用他所说的现金流折算过他说的任何一个公司的内在价值[2]。

投资是一场战争，兵无常法，水无常形。所谓公司价值，根本没有一个固定、统一的公式可以去测评，就连巴菲特和他的团队也无法准确算

---

1 但斌，《时间的玫瑰》，中信出版社，2018.6。
2 但斌，《时间的玫瑰》，中信出版社，2018.6。

出一个公司的准确价值。

明白了这一点，再回答价值投资在 A 股是否有效的问题就简单了。

正所谓画虎画皮难画骨，巴菲特自己都没有量化的公式可以执行，其他人也只能邯郸学步模仿个样子，怎么可能凭着这样一个理念成功？更真实的情况是，大多数人连个样子都学不会就闷头冲进了股市。

在 A 股的市场环境中，那些坚信价值投资的人没有取得正面评价，那些歪打正着的却获益不少。

李大霄应该算国内最著名的价值投资信奉者了，最起码可以称得上之一。可他在股民心中的地位，总是被当成笑话调侃，甚至有人说李大霄喊涨指数就跌、喊跌指数就涨，简直成了反向指标……

更有意思的一个笑话是，一位股民买了京东方，赚到盆满钵满。别人羡慕地问他为何选择京东方作为他的投资标的，他却说，京东这么大的电商，满世界都是京东送货的快递小哥，一定有投资价值。

笑话有点夸张，但放在中国散户身上并不奇怪，很多人买过股票，却根本不知道上市公司是干什么的。

有人说，这是因为美国资本市场和国内的资本市场差别很大。美国机构投资者占很大比重，国内散户投资者数量居多，追涨杀跌严重；美国市场上强调投资理念，注重挖掘公司的内在价值，A 股市场投机炒作盛行，短线炒作是常态……

同是价值投资，却有截然相反的结果，是市场的差别还是巴菲特的价值投资理念在中国水土不服？

追本溯源，还要回到最初的疑问——巴菲特的价值投资究竟是什么？让我说说自己的看法，或者大家也能有所悟，也许这才是股神想说而不敢说的话。

第一条，要选择被低估的公司。

巴菲特曾经举过一个非常通俗的例子来阐释价值投资的核心：以 40 美分的价格买进 1 美元的纸钞。道理大家都懂，关键是这个世界上有没有这样的傻子，以 40 美分的价格卖给你 1 美元的纸钞？有的，在股票市场还真有这样的事儿，那就是被低估的股票。

我们可以从公开的消息获得市场对一家公司的估值区间，当股价接近这个区间的下限甚至跌破下限时，那么价值被低估的概率很大。

对于那些被低估的股票，底部是一个区间而不是一个绝对的点。股票到了价值区间，价格仍有进一步下跌的可能，但这并不妨碍建仓操作，要知道大多数时候买在一个相对低的区间已经算很成功了，那些被低估的股票什么时候买入都没有错。

这里要纠正一个错误观念，就是价格投机者不关心股票的价值。完全忽略股票价值做短线交易，用评书的语言来说，这种行为好比玩蹦极不穿戴防护绳——完完全全的自杀行为。任何投机必须建立在价值投资之上，价格投机者赚的不是傻子的钱，而是作为一个中间商，赚股票市场公允价值和个体预期价格差异的钱。

第二条，选对行业。

发现价值被低估的企业后，就算有了备选标的。这些标的或许是各个行业的翘楚，但各行业所处的发展阶段不一样，未来潜力也不尽相同，最终投资结果可能大相径庭。

有人说巴菲特的价值投资理念是，发现被低估的企业后，买入其股票并长期持有。其实这种观点也是不对的，发现好标的后确实应该买入并长期持有，但限且仅限于有潜力的行业。

这就涉及行业选择问题。价值投资不仅要选择出好的上市公司，而且要优中选优，首先选择那些未来最具发展潜力的行业，唯有如此才能最大概率赚取收益。

至于如何选择行业，道理很简单，最重要的是当下。当下哪个行业最赚钱，就选择哪个行业：20 世纪 40 年代到 70 年代是美国汽车制造业的黄金时期，此时投资汽车类股票必然能获得超额收益；20 世纪 90 年代初期，家用电器尚未全民普及的时候选择家用电器一定是可以赚钱的；2000 年以后互联网科技公司在中国大行其道，随便买入阿里巴巴、腾讯、百度等互联网巨头公司的股票都能搭上财富的列车。

以上理论看起来似乎很容易，但操作起来其实是一件非常难的事，毕竟看穿一个行业、一家公司发展不是那么容易的。在这里我们给出一个简单的方法，类似于刚才说过的笑话，也许这位散户不懂京东方、不懂京东，但他看到了满大街的京东小哥，误打误撞买对了“京东方”。看看大街上尤其是繁华的街道上哪个行业最兴旺，那么这个行业一定是当下最赚钱的。

第三条，好股票价格不会永远不下跌，一定要选择成长股。

一般来说，价格之所以能够达成交易，是因为买卖双方存在分歧，一方认为被低估了，一方认为定价被高估了，分歧必然会导致价格的波动。随着对一只股票认可度增加，股价便会连续上升，试图在低价垃圾股中寻找有投资潜力的股票往往无功而返。一家好的上市公司如同商场里最好的货物，既能保值增值，又有良好的成长性。您能看到其他人一定也能看到，不可能您看到其他人看不到，反之亦然。

散户对于巴菲特的长期持有怕是有一些误解，人们总是有一种短线思维，喜欢追涨杀跌，买在高点、割肉在地板。而巴菲特提倡的理念是“在别人恐惧的时候贪婪，在别人贪婪时恐惧”。在人性的弱点笼罩下，散户总是高吸低抛，在巴菲特的理念指导下却适得其反，在二者的冲突下散户最后把黑锅甩给了别人。

我要告诉你的是，任何好股票都会有波动，投资者要做的是，在波动时低吸，而不是割肉。

说一只众所周知的个股。

国内最好的上市公司之一贵州茅台，该股票自上市以来股价翻了上百倍，即使如此中间也经历几次比较大的波动。从 2007 年 7 月到 2016 年 7 月份，股价始终在 80 多元和 300 多元之间运行，振幅接近 300%。从 2012 年 7 月到 2014 年 8 月股价陷入两年多的回调期，如果此时没有忍受住股价的回调，那么将错过未来 3 年约 3 倍的涨幅。

第四条，知行合一。

知行合一说起来容易，却是世界上最难的事儿，大部分人还是知易行难，道理谁都知道，却无法克服与生俱来的贪婪与恐惧，于是变成了知易行难。知易行难是人类与生俱来的特点，从知道到做到本身就存在一个巨大的鸿沟，真正能跨过这道沟壑的人少之又少。

如果用一句经典台词可以这样描述：

曾经有一只低价股放在我面前，我没有珍惜，等到追高的时候才后悔莫及，人世间最痛苦的事莫过于此。如果上天能够给我一个再来一次的机会，我会对那只股票说三个字：我要买！如果非要规定一个持有期，我希望是——高点卖！

那些持股不坚定的人一定会经常默念这段台词，因为执行总是落后于意识，最后只能在狂热中追入，又在恐慌中抛出，虽然坚定持有了很长一段时间，但执行与认知完全相反。

如何做到知行合一？

首先深入理解价值投资的理念，如同坚信市场可知，一定要坚持价值投资理念；其次要以合理的逻辑和方法评判企业价值，寻找被低估的标的；再次就是坚持到底，即便在股价波动时也能一如既往地执行；最后，可以采用基金定投的方法平滑价格波动的风险。

那么，该如何寻找价值被低估的股票？

熊市遍地是黄金：如何寻找价值被低估的股票？

话说股市大势，熊久必牛，牛久必熊。市场永远在轮回之中，再好的股票也会有下跌的时候，寻找价值被低估的股票，熊市正当时也。

在这本书中我们讲的第一个理念就是“选择比努力重要”，获得财富需要抓住大趋势和大机会。

纵观市场，最大的机会在哪里？

答案是在熊市。

一个蒸蒸日上的国家，在任何领域都会产生世界上数一数二的大公司。中国未来产生多少新兴行业，就一定会有多少个世界级企业，这就是股民未来在资本市场上最大的机会。站在历史发展的角度看，任何一次熊市都会拉低资产价格，任何一次熊市也都是股民最好的入场时机，不要恐惧熊市，没有熊市何来盈利？

熊市通常来源于危机，未来几十年，世界上仍会发生经济危机，但我相信，中国不但能安然无恙地渡过危机，而且还能在经济上继续领跑。

股市是经济的晴雨表，在危机中股市必定回调，这反而是股民最大的机会。对此，巴菲特有自己的理解：当那些好的企业突然受困于市场逆转、股价不合理的下跌，这就是大好的投资机会来临了。

所以，与其在别人恐慌时割肉离场，不如像巴菲特一样贪婪地收集遍地便宜的筹码，这些低价筹码，在未来一定会比黄金更珍贵。

熊市虽然遍地是黄金，但不是所有人都能准确找到这些金子，有人甚至会不幸踩到地雷。请记住这句话：牛市重势，熊市重选股。只有选到合适的股票才有所谓价值投资，否则就是踩地雷。

为避免踩雷，首先要明晰一个问题：低价股就一定具有投资价值吗？

股价高低是相对概念，价格下跌或者相对低了，并不代表估值便宜。2019 年 3 月下旬乐视网股价从最高 179 元到了 3 元多，价格下跌了 98.5%，但仍旧没有被低估，未来仍有退市的风险；同时期，中国平安的股价虽然高达 74 元，但业绩仍在快速增长，市盈率只有 12.7 倍，能说这样的高价股贵吗？

有的股价看似便宜了许多，实则估值并不低；有的股价看似不低，实则估值很低。因为买入手数的幻觉，有人偏好选择低价股，这样显得买的数量多，殊不知买到的只是一个幻觉而已。股票数量多少没有任何意义，盈亏是按照总资金的百分比计算，5 元的股票买 2000 股和 20 元的股票买 500 股涨跌 1% 的效果都一样。

高价股和低价股之间的区别不是单纯价格上的差别，而是黄金和废铁之间的区别。所谓一分钱一分货，不考虑其他因素，单纯从价格而论，高价股一定比低价股值得买，高价自然有高价的理由，低价自然有低价的原因，价格就是黄金和废铁最直白的区别。

除了价格，要怎样区分黄金和废铁，废铁中有黄金吗？

区分黄金和废铁的方法有很多，最常用的有现金流贴现模型、市盈率、市净率、市现率等，各种估值方法并没有优劣之分，区别只在于运用熟练程度。由于篇幅的限制，这里只用市盈率估值方法举一些具体行业的案例。

巴菲特都对股票估值没有一个明确的公式，一位财经作者怎么能说得清楚?

有时候答案不一定需要一个精确的数字，我认为，如何给股票估值不是一门科学，更像一门艺术，就像欣赏一位美丽的姑娘，一眼看上去就知道她是美女就可以，而不用具体询问她的年龄、身高、体重、三围等信息。

与其被如何给一只股票精确估值困扰，不如努力寻找一只股票的安全边际，从概率上保证自己的本金安全和预期收益。安全边际就像汽车的安全气囊一样，即便最坏的情况车祸出现，也能保障驾驶员的生命安全。

如何寻找安全边际?

市盈率就是一个可以寻找安全边际的指标。简单介绍一下市盈率，它是股票价格与每股盈利的比值，一般代表多少年可以拿回全部股票成本。

一只股票的市盈率为 10，那么持有 10 年后的成本将变为零，如果市盈率是 100，时间将变为 100 年。市盈率越小，收回投资的周期越短，一般认为风险越小，股票的可投资价值越大。

一个单纯的市盈率指标不说明问题，与股价一样，需要将之放到一个系统之内评估。一是对同行业上市公司不同市盈率进行横向比较，市盈率越低的上市公司越值得持有；二是根据本公司历史市盈率进行比较，如果上市公司市盈率处于历史上市盈率相对低的位置，那么这家公司值得拥有。

需要强调一下，以下分析只作为案例讲解、思路参考，并不能作为决策依据，因为买卖股票是一个科学且复杂的过程，不可能仅凭一个指标定生死。

先说第一种情况，市盈率的同行比较。

2019年3月底的某一天，白酒类上市公司中行业老大贵州茅台（代码：600519）的市盈率只有22.6，而酒鬼酒（代码：000799)的市盈率是34.9，山西汾酒（代码：600809）的市盈率是34.8，老白干酒（代码：600559）的市盈率是42.6。

贵州茅台的股价超过800元，是其他白酒类上市公司股价的数十倍，1万元最多买100股贵州茅台的股票，却可以买几百股其他白酒类上市公司的股票。从这个角度看，贵州茅台的股价的确很贵。

估值高低只看股价绝对数额的大小吗?

绝对不是。

从市盈率角度与同行比较，贵州茅台的估值仍然是相对便宜的。所以，按照价值分析的逻辑，应该在白酒类上市公司股票中选择贵州茅台。

这里需要强调一点，一般行业内龙头上市公司的市盈率应该比其他公司要高一点，因为护城河深，未来的发展和盈利比较确定，市场会给予更高的市盈率估值。从这个角度看，茅台的估值更突出。

用市盈率评判一家公司的相对估值，一般在同行业内公司进行比较，并不能跨行业比较。我们可以比较不同白酒公司的市盈率，可以比较证券公司的市盈率，但是，绝不能拿贵州茅台去比上市银行。不同行业估值体系不同，最后的市盈率也会有很大差别，不能以此判断两家公司的相对价值，这样会得出非常荒谬的结论。

银行类上市公司的市盈率都是个位数，能说银行股就比贵州茅台更好吗？答案显然是否定的。银行是经营负债的企业，贷款从放出的一刻才开始遇到风险，当期盈利虽然高，还要提足拨备应对后期风险，加之利率市场化的冲击，市盈率低也就可以理解了。

再说第二种情况，根据历史市盈率判断个股估值相对高低。为了避免荐股的嫌疑，这里以行业板块的市盈率数据进行举例，个股分析的逻辑相同。

先交代一下背景。截至 2019 年 3 月 22 日收盘，上证指数较 1 月 4 日的低点涨幅已达到 26%；创业板指较 1 月 31 日启动点上涨 37.6%。众所周知，个股涨幅与指数涨幅具有一定的相关性，专业的名字是贝塔系数 β（Beta coefficient）。一般对于活跃的个股，指数每波动 1%，这些个股要同样波动 2%—3%，不活跃的个股波动会低于 1%。

按照上面的逻辑，在过去的两个多月里，很多个股的涨幅应该在 52%—100% 之间，市场上出现很多两个月走出翻倍行情的股票也就不奇怪了。指数和个股的上涨并没有让所有人赚钱，很大一部分散户由于之前的熊市思维处于空仓阶段，对于他们而言，有哪些标的还可以继续买是当下最重要的问题。

涨得多了就有可能跌，即使指数回调，也有很多标的可以建仓，轻指数重个股是最佳策略，那么选股就成为重要的问题。随着指数和个股的大幅上涨，已经有很多板块和个股不便宜了，甚至已经超过了历史平均水平。

从图 7-1 看，证券公司的加权市盈率已经超过了 2014 年以来的均值水平，当下的加权市盈率值比 89% 的时期都要高。虽然未来相关上市公司的股价可能继续上涨，但从当下的数值已经得知，股价已经不便宜了，价格再往上涨应该想买股票兑现利润，而不是买股票。

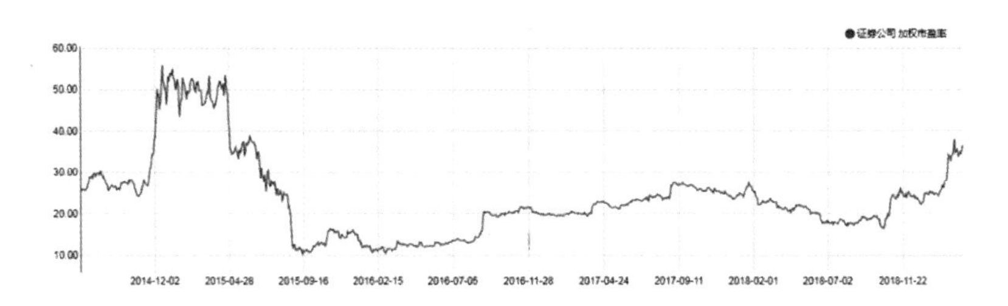

图 7-1　证券公司历史加权市盈率 [1]

用类似方法，可以知道中证医药、中证传媒、国证地产指数的加权市盈率数值在上证指数已经上涨超过 25%、很多个股翻倍的情况下，市盈率数值仍然比历史上 80% 的时期都要小。此时根据这些板块的历史市盈率数据看，处在估值低位的中证医药、中证传媒、国证地产指数当然要比已经不再便宜的证券板块更具有价值。

证券市场不存在百分之百确定的事情，加权市盈率低并不代表未来一定会上涨，但这些数据可以作为一种参考、一种概率，知道这些信息后，

1 来源：果仁网。

可以为决策提供依据。

市盈率也有自己的特性，这里需要补充几点：市盈率相对于价格有滞后性，市盈率到达高点或低点后，价格仍可能继续狂涨或暴跌；上面用加权市盈率代替了市盈率，二者有一定差异，但分析思路异曲同工；动态市盈率能弥补静态市盈率的不足，方法也相对复杂一些。

作为小白也要知道，市盈率也代表市场对公司的认可程度，市盈率高表示人气较旺，不可能是低估的股票，反之则反是，所以要在市盈率相对较低的上市公司中寻找。当然，市盈率以及一切估值方法都要和气体技术分析方法配合使用，才能提高操作的效率。

给大家透露一个小方法，其实根据市盈率可以直接购买指数基金，定投相关的指数基金即可。

2019 年 1 月初，上证指数跌至 2400 点附近，此时的加权市盈率为 11 倍左右，低于 2015 年股灾时低点的水平，与 2014 年 5 月牛市启动前的 10 倍左右只有一步之遥。从加权历史市盈率的情况可以看出，此时悲观的预期虽然已经蔓延到市场，但恰恰投资者应该在别人恐惧的时候贪婪，砸锅卖铁入市。

后来的行情大家都知道了，上证指数在此后 60 多个交易日走出了一段超过 30% 涨幅的走势。

历史总是惊人地相似，但不会简单地重复，可相似的走势中总有不变的规律：熊市中遍地是黄金。

基本面分析的方法

基本面分析是什么？

有人说要看宏观经济指标，比如GDP、CPI、PPI和M1、M2之类的数值；有人说要研究行业特性，区分行业处在夕阳还是新兴或者成熟；有人说要研究公司的股权结构、管理层构建、盈利模式……

市场上教大家如何进行基本面分析的方法很多，真可谓“横看成岭侧成峰，远近高低各不同”。基本面分析看似复杂，其实着实简单，只要会当凌绝顶，定能一览众山小。不管宏观经济研究，还是中观行业分析，抑或是微观公司研究，所有的研究都基于一点——常识。

常识是什么？就是常见的知识，只要是有思考能力的人，没有任何高大上的学历、研究能力，都能想得通、看得明白的道理。

在说清道理之前，需要明白自己的股票属于哪个行业、风格、指数，如此才能进行进一步的分析，如果连这个都不清楚，就像无头的苍蝇，再怎么努力都是到处乱撞，找不对正确的方向。

软件可以直接解决这个问题。告诉大家一个小技巧，在通达信软件里，同时按住“Ctrl”键和“R”键，就能显示出该股票所属的行业、风格和指数。

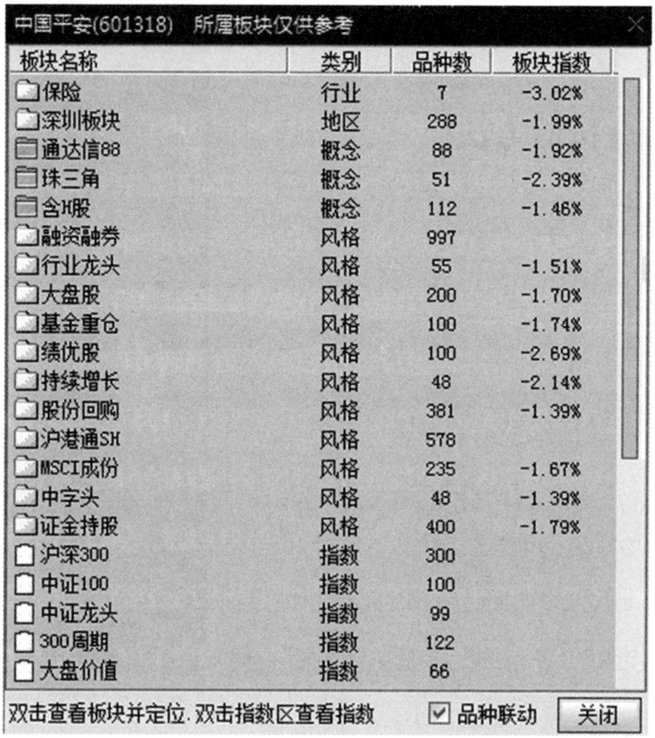

中国平安(601318) 所属板块仅供参考

板块名称	类别	品种数	板块指数
保险	行业	7	-3.02%
深圳板块	地区	288	-1.99%
通达信88	概念	88	-1.92%
珠三角	概念	51	-2.39%
含H股	概念	112	-1.46%
融资融券	风格	997	
行业龙头	风格	55	-1.51%
大盘股	风格	200	-1.70%
基金重仓	风格	100	-1.74%
绩优股	风格	100	-2.69%
持续增长	风格	48	-2.14%
股份回购	风格	381	-1.39%
沪港通SH	风格	578	
MSCI成份	风格	235	-1.67%
中字头	风格	48	-1.39%
证金持股	风格	400	-1.79%
沪深300	指数	300	
中证100	指数	100	
中证龙头	指数	99	
300周期	指数	122	
大盘价值	指数	66	

双击查看板块并定位.双击指数区查看指数 ☑ 品种联动 关闭

图 7-2 中国平安所属板块（来源：招商证券通达信软件）

以中国平安（代码：601318）为例，它属于保险行业，深圳板块，是行业龙头，同时是沪深 300 指数和中证 100 指数的成分股。通过这个对话框，还会看到其他信息，比如中国平安是证金持股标的、基金重仓等信息。

继续说基本面分析，举个简单的例子。证券公司的利润一部分来源于佣金，即客户交易成本的一定比例，如果市场火爆，交易活跃，证券公司的营收和净利润就会增加；如果市场冷清，死气沉沉，证券公司的营收和净利润就会降低。

所以，当市场由熊市转为牛市的时候，投资者就会对证券公司的业绩有增长的预期，进而抢购筹码，表现在股价上就是先于指数止跌反弹，通常会引领牛市的第一波先锋军。

从 2014 年 7 月底到 2015 年 4 月底的这轮牛市，证券公司（代码：399975）在 180 多个交易日里涨幅超过 240%，同期上证指数的涨幅只有 140% 左右。证券公司（代码：399975）不仅涨得多、涨得快，而且先于上证指数约 2 个月见顶。

这样的情况并不是个例，在 2018 年的熊市中，证券公司（代码：399975）在当年 10 月 19 日见底并率先反弹，而上证指数直到 2019 年 1 月 4 日才开始反弹，其间证券指数的表现也要优于上证指数。

由牛熊市的转换到业绩预期，进而影响到股价波动，这样的逻辑是每位股民必须要知道的常识，即便黄发垂髫都能在这样的轮回中获利匪浅。市场总是在牛市和熊市轮回中，如果十年一次牛熊转换，抓住两三次就能搭上财富的列车、实现人生的逆袭。

再说一个公司分析的例子。

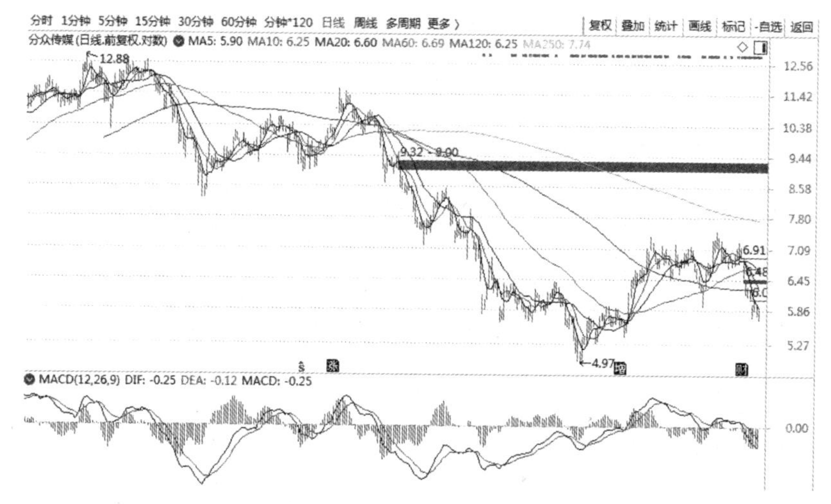

图 7-3　分众传媒 002027（2017 年 12 月 18 日—2019 年 5 月 9 日）

根据股票软件显示的公开资料（通达信软件按 F10 键可以查询），分众传媒（代码：002027）是 2001 年注册成立的媒体广告公司。分众传媒在全球范围内首创电梯媒体，目前已经覆盖 120 座城市，拥有 110 万张电梯海报和 18 万块电梯电视。

分众传媒的盈利模式很简单，占领了电梯这一场景后，投入海报、电视等媒体工具进行广告投放，收取金主爸爸的广告费。

既然靠收广告费过日子，那么有两个问题必须解决：一是金主爸爸的财力决定营收；二是用户的关注某种程度上决定了公司的业绩。

先来思考第一个问题，谁会做广告呢？

不用猜，直接看分众传媒的财务报告可知，主营业务按行业分类，前九名的金主行业分别为：日用消费品、互联网、交通、通信、房产家居、娱乐及休闲、杂类、商业及服务。这些金主中前五个行业贡献了分众传媒80%以上的收入，因此它们经营状况的好坏直接影响分众传媒的营收状况。

于是，影响分众传媒营收的逻辑就出来了，金主有钱了会多做广告，分众传媒营收就会增加；金主日子过得紧巴巴，就会减少广告投入，分众传媒的营收就会受影响。

金主的收入由什么决定？当然是经济周期和行业周期，广告主会在经济下行时缩减广告开支、延长付款期限，因此分众传媒的营收状况是滞后于经济周期和行业周期的。

这个逻辑在股价上也有体现。

在2019年年初的反弹中，分众传媒的反弹力度和上证指数的反弹力度基本一致，说明股价只是市场平均表现，而很多其他个股已经翻倍了。为什么分众传媒表现平平？2019年第一季度财务报告给出了答案：净利润同比下滑71.81%，营业收入同比下滑11.78%。

通过上面的分析可以得到一个结论，分众传媒的营收会在经济好转、金主的营收改善之后才能好转，因此买分众传媒的股票要等经济整体企稳之后才是最佳选择。

分众传媒只是广告行业的一个例子，举一反三，其他广告类上市公司也应该是类似的情况。

继续说第二个问题，关于用户关注度。

有人说，时间就是金钱，知识就是力量。对于广告行业来说，用户的关注就是金钱。

广告行业需要吸引用户关注度，用户的关注在哪里，钱就会奔向哪里。分众传媒将用户锁定在电梯这个场景内，几乎所有城市白领、有电梯的小区居民，都要被动接受分众传媒的广告，公司称城市主流人群日均传送到达为 5 亿人次。能够获得这样一个身份特质鲜明、集中，且用户画像清晰的庞大用户群体关注，得赚多少银子。

在城市占领的电梯越多、布局的城市越多，分众传媒的受众就越多，同一个广告，看的人越多当然分众传媒的要价就会越大。另一方面，用户关注电梯广告越多，广告的有效送达率越高，分众传媒的广告价值就会越大。

分众传媒的盈利模式很清晰，但这种模式并不能一劳永逸。随着移动互联网的发展，人们的关注度逐渐转移到手机上，即便坐电梯，也有可能在玩手机，这或许是对分众传媒最大的冲击。

以上这些对于行业、公司的分析基本属于常识，不涉及任何专业的推理计算和行业研究。其实类似的逻辑还有很多，比如航运业受国际经济形势影响比较大，国际关系和谐、经济繁荣、贸易往来较多，那么航运业就会受益，一旦经济形势低迷或者国际关系紧张，进出口贸易就会受到影响，进而影响航运业上市公司的营收状况。

航天军工业的订单主要来自国防和政府，一旦政府压缩军费开始，相关上市公司的业绩就会受到影响。如果爆发动乱甚至战争，军备的需要将呈现级数增长，军工类上市公司的股价表现反而会更好。

踏破铁鞋无觅处，得来全不费工夫。基本面分析没有那么难，赚钱的道理和逻辑或许就在生活中。

股市不是提款机：什么样的人不适合炒股？

关于炒股，一个至关重要的问题是：每个人都适合炒股吗？在理财配置环节，在股市中的投资应该占总资产的多大比例？

先讨论第一个问题。很遗憾地告诉大家，就像体育锻炼于身体虽好，跑步、登山、潜水却不一定适合每一个人；炒股虽然确实有时候能赚很多钱，却也不是每个人都适合炒股。

不适合炒股的人有很多。

抱有赌徒心理的股民不适合炒股。赌场有千术，精通千术的人不是赌徒，是老千。所谓赌徒就是连千术都懒得研究，单纯一厢情愿觉得自己在赌场应该赢钱，还好赌成性，这种人最后一定会在赌场里输掉身家性命。股市赌徒最典型的特征就是把“我愿”当成“我能”，又把“我愿”想象为“我得”，给自己预设一个想象的盈利目标，从主观意愿而不是市场本身出发：要赚钱买房子、车子，要把装修的钱赚回来，要把首付的钱赚回来，要把娶媳妇儿的钱赚回来……

任何地方的赌徒都是一样的，就想不劳而获。股市里的赌徒从来不研究金融市场规律，一厢情愿把股市想象成提款机，看别人赚钱就觉得自己也该赚钱，至于为什么赚、为什么赔根本不知道，更不知道任何规矩，毫无底线，甚至用高利贷资金进行股票投资。这样的人或许真有个别赌赢的，但绝大部分还是血本无归。

无法控制情绪的人不适合炒股，恨不得每时每刻都满仓操作，卖了一只股票立刻想买另一只，赔了立刻想翻本、赚了立刻想接着赚。

不仅仅是炒股，急躁的情绪会毁掉一切。在恋爱中付出多少努力，收获多少爱情，不努力，随便找一个则会遗憾终生。

这个道理在炒股中是一样的，把每一家上市公司都视为一个相亲对象：相亲对象要严格考察家庭背景，寻找上市公司则要看母公司和企业背景；相亲对象要考察收入情况，寻找上市公司则要看现金流、营业收入；相亲对象要看品德，寻找上市公司则必须查证有无违规违纪记录；相亲对象必须看长相与身高，寻找上市公司怎么能不看市场美誉度？

有这样一种股民，买股票就像逛街一样，一眼望去感觉好就买。散户炒股，把自己的账户搞成基金似的，永远躺着十几只甚至几十只股票，什么股票都想拥有，哪个板块的股票涨了他都说自己有，可换一句话也很正确——哪个版块亏了他都有。

被情绪控制，一个典型行为就是不敢操作，看到机会来了不敢下手，等股价真正涨起来又后悔甚至追高，结果是 10 元不敢买的，60 元都抢着买，然后被套。

不擅长思考和学习的人不适合炒股，做交易完全不经过大脑，听到任何风吹草动立即操作，手不是受大脑而是受耳朵控制。长期下来明明知道自己没对过几次，但仍乐此不疲，控制不住自己，这类人根本不适合炒股。

这类人最常见的行为就是听消息、找捷径，怎么不想想在普通人的生活层面怎么可能有内幕消息出现？有人过分高估自己的生活层面，以为天上的馅饼一定能砸着自己，在市场之上知道准确消息的人少而又少，绝大部分所谓消息都是以讹传讹，轻易被知道的内幕还算内幕吗？

上述几种心理是习惯性思维，不仅反映在市场，还会体现在人生各个方面，就像毒瘾一样难以戒除。在这种心理的作用下，股民很容易被一股无名的业力牵引，然后怎么投都是赔钱的。

以为市场是慈善场所？

市场是杀人场！

难道不知道吗？无论大小市镇，自古市场也是杀人的刑场。所谓午时三刻推到市曹斩首，就是把囚徒推到市场路边。

戒除赌徒心理、控制情绪、擅长思考和学习，不学会这三样不仅会毁掉一个人的股市投资，还会毁掉一个人所有的一切。市场如人生，学会如何控制投资情绪，就一定可以学会如何掌控人生。在某种意义上，投资就是人生，在一定的韵律中把握市场、把握利润与亏损，唯有静心才能体会这种韵律，找到长久的赢利模式。

能否以置身事外的态度来对待恐惧与贪婪，决定一个人能否体会市场的韵律。看重市场，又要把市场看成身外之物，只有这样才能体会市场的韵律。

每天不需要如赌徒一样烦躁不安，又期盼又恐惧，折腾不休，你只要平静地按照自己的韵律、按照市场的显现去与日俱增地强大自己。错过就错过了，后面有无数的机会等着你参与。

投资是一生的事业，不是一锤子买卖，真正在市场中生存下来的从来就不是靠一次暴富，一次暴富最后倾家荡产的是多数。

要认清市场，首先要认清自己，了解自己的弱点在哪里。投资者在市场中的每个行为对盈利都会产生影响，每天收盘后一定要花一点时间把当天的操作以及看盘时的心理过程复盘。回想一下，面对波动是如何想的、如何操作的，得失利弊在哪里，好的方面如何保持，坏的方面如何吸取教训。

通过反思彻底解剖自己，把失败的根源找出来，再给自己一次机会，如果反复输光，那么请退出吧，不是每一个人都适合市场，有些事我真的做不到。市场，只是生活的一部分，如此而已。

恐惧与贪婪，没有人能够免俗，只不过经过历练的人在一定程度上能够控制情绪，相对理性去思考和操作罢了。工夫在诗外，交易的功力同样在市场之外。每天花十分钟总结自己，心理顽疾终将克服。

记住，只要还有翅膀，天空就是你的。

继续说第二个问题。从理财角度，一个家庭拿出多少钱（或者说多少比例的家财）投资股市比较合适，即金融资产的组合问题。这个问题没有“一刀切”的答案，毕竟每个人的情况不能一概而论，不过还是有一些普遍性的原则可以跟大家一起讨论。

非止股票，任何金融资产配置最大的前提都是手里必须得有钱，巧妇都难为无米之炊。在这个基础上，家庭必须留足现金（现金＋活期储蓄资金等于三个月收入）保证日常开支。一个家庭留出来的现金没有真正的标准，高收入家庭消费必然高，低收入家庭消费必然低，安全现金的绝对数额一个家庭跟一个家庭也就不会一样。

此后，要考虑自己有没有买保险，综合意外险、定期寿险、百万医疗险、重疾险有没有配置，是否足额。这类支出，是为了满足居民的预防性需求。除去必要支出与预防性开支，剩下的钱财是可以用来投资的。

金融产品具有一定收益性的同时，也具有一定的风险性，收益越高、风险越大。普通人的收入不高，一般情况下每个月的结余不是很大，风险承受能力一般会很弱，无论如何赚到的钱也不会很多。

我想对大家说的是，不该碰的理财绝对不能碰，那份收益对您来说不会实质性提升生活品质，本金损失带来的风险却一定会实质性损害生活品质。一句话，“赚得起，赔不起”。换一句话说，财富收益与财富占有是一个道理，普通人家不要幻想通过理财实现财富自由，保本最为重要。

从这个角度而言，普通家庭的钱至少八成比例要购买银行发售的债券型理财产品或其他保本型理财产品最为合适。

如果实在对股市或者任何金融产品有兴趣，可以拿出一部分钱来，从这部分钱投入股市的第一天起就记为损失，从这个意义上来说，投资股市不是理财。

即使对于比较富裕的家庭来说，也请记住，金融类高风险产品配置不能超过家庭净资产 50%（请注意，是净资产）。净资产的一半钱也不是全部拿来投资股票，其中 20%—30% 的资金应该用来购买国债和基金，剩余的 20%—30% 才可以用来投资股票。

从安全和科学的角度看，整个资产配置就像一座金字塔，底层低风险的资产配置比例一定要高，越往上风险资产配置比例越应该降低。下层大部分安全资产作为防护垫，上层有风险性的资产博取高额收益。塔尖上高风险产品的投资即便失利，因为配置比例不高，也不会对整体造成太大的影响；如果投资成功，那就是锦上添花。

经济日报社中国经济趋势研究院编制的《中国家庭财富调查报告（2018）》的数据从侧面证实了上面的观点。

2017 年中国家庭人均财富为 194332 元，其中房产净值占家庭财富的 66.35%，金融资产所占比重为 16.26%。从金融资产的结构看，城镇家庭和农村家庭中安全性较高的存款、现金占全部金融资产的比重都超过了八成。

股票在风险类资产中的参与率最高，与家庭收入成正比，年收入低于 3 万元的家庭对股票资产的参与率最低仅为 2.77%，年收入位于 25 万—50 万元的家庭对股票资产的参与率最高，达 43.97%[1]。

此外，股票等权益类资产在资产组合中应该占一个怎样的比例，还受到收入、个人预期、家庭结构、投资经验和风险偏好等多方面因素影响。

中国和美国是世界上最大的资本市场，拥有世界上最富裕的家庭，然而股票在家庭资产配置上的比例有显著的差异。古人云见贤思齐，那么

---

1 张燕．家庭金融资产选择的行为偏好及影响因素研究．重庆大学，2016.6.12.

在理财方面，美国拥有百万富裕家庭的资产配置对我们具有参考意义。

美国富裕家庭金融资产配置比较均衡，现金和储蓄只占金融资产的 7%，远低于中国家庭的比例。从持有股票类资产的总量上看，美国富裕家庭持有股票类资产占总资产比例约为中国的一倍。对于股票配置，中国富裕家庭更愿意相信自己，直接进入资本市场，而美国富裕家庭的金融投资更相信更加专业的金融中介机构，间接持有股票达 34%，而中国富裕家庭间接持有股票的比例只有 2%[1]。

如何购买股票以外的金融产品，这就是我们下一章要说的问题了。

---

1 李鹏程．中美富裕家庭资产配置比较研究．对外经济贸易大学，2015.9.

第8章
理财，那些您不知道的事儿

余额宝一时间成为人手必备的移动互联网时代的现金管理工具，人们纷纷取出银行里的钱，不约而同地买入收益更高的余额宝之类的互联网理财产品。仅仅用了数月，余额宝就达到了一家小型银行的规模。

存钱哪里去，货币基金

中国人是世界上最爱存钱的民族，配置最多的金融资产就是活期存款和定期存款。原来也只有活期、定期两种存款可以配置，这种习惯如此之强大，以至于现在很多谨慎的人还只知道银行存款。不过，这种现象从 2013 年开始改变，当时一款名为“余额宝”的理财产品在支付宝的页面横空出世，余额宝的资金不但能购物、转账、缴费，还有低门槛、零手续费、高收益、支取灵活的特点，最重要的——收益比银行存款高。

余额宝一时间成为人手必备的移动互联网时代的现金管理工具，人们纷纷取出银行里的钱，不约而同地买入收益更高的余额宝之类的互联网理财产品。仅仅用了数月，余额宝就达到了一家小型银行的规模。如今，余额宝已经从不为人知的小角色，成为一只庞大的巨无霸。面对气势汹汹的互联网金融，整个金融圈都在喊“狼来了”。

所谓“余额宝”，本质上就是货币基金的一种。货币基金一般被认为是货币的替代品，被称为“准货币”，安全性和流动性非常高，收益还特别高。

货币基金的收益真的是越高越好吗？

答案是否定的。

要明白这个问题，先从我接手的一个咨询案例说起。

2019 年年初，有一个 90 后客户问我这样一个问题：自己买的货币基金正偏离度超过了 0.5%，基金公告称暂停申购了。

出现这种情况，对自己有什么影响呢？

正偏离度是一个货币基金特有术语，这个词非常专业，后面会慢慢讲。先告诉大家结论：正偏离度高意味着货币基金的资产账面价值被低估了，基金持有的资产价格会上涨，投资者能获得更多收益。

客户认为，收益更高是好事，自己投资的目标就是赚钱，谁也不嫌弃收益高。按照客户这种逻辑，投资货币基金很容易选产品，哪个收益率高就选哪个就是了。

从天天基金网的数据来看，即便同样是货币基金，收益率差异也很大。截至 2019 年 5 月 17 日下午收盘，天天基金网有将近 500 只货币基金在售，英大现金宝货币（代码：000912）以 4.719% 的七日年化收益高居榜首，最低为信达澳银慧理财货币（代码：003171）的 1.046%。最高和最低之间七日年化收益相差高达 4.7 倍。

4.7% 的年化收益率，在当下的情况已经超过门槛为 5 万元的理财产品。除此之外，货币基金还有灵活性，货币基金能代替存款也就不难理解了。

现实的数据告诉我们，货币基金的收益率差异很大，既然安全系数一样，那么应该和客户的思路一样，将产品的收益率从高到低排名，选最高的就好了。

但真实的答案并非如此简单。关于货币基金，正确答案是，收益率高的产品并不一定是最佳选择。

货币基金在采用摊余成本法、实际利率计算基金资产净值的同时，需要采取影子定价法按照市场利率对基金资产净值进行重估。这句话对普通人来说有点绕嘴，不过没关系，你只要记住货币基金有两种估值方法，我们会以比较浅显的方法给出结论，您知道这个就行了。

市场利率和交易价格总在变化中，两种估值方法下，同一个资产的价格必定存在一定差异。合理范围内的差异、偏离是允许的，但一旦这个差额超过某个限度，就意味着风险程度发生变化，此时必须采取某些措施。

举一个形象的例子，两种估值方法的关系就像真实的自己和美颜相机拍出来的自己，虽然照片显示的都是一个主体，但照片和本人肯定有差别。照片和本人的差异，通常用像不像来形容，而对于货币基金来说，形容两种估值方法下净值差异的指标叫正偏离度。两种情景下，照片和本人适当的差异是允许的；两种计算方法下，净值是允许有差异的。

偏离度是衡量货币基金两种估值方法下净值差异的指标，超过限度就要对基金资产净值进行重新调整。照片和本人如果差得太多，不但不真实，还可能吓到别人。对于货币基金来说，如果正偏离度高就意味着提前兑付了到期收益，对投资者并不是好事。货币基金的收益不是越高越好。

如果用稍微学术点的名词解释，这种手法叫作“盈余管理”；用更通俗的语言描述，就是基金管理者在规则之内对账目做了些“美颜”。

要想更明白货币基金里面的道道，还得从头说起。

货币基金诞生于二十世纪七八十时代，当时美国处于滞涨时期，储蓄基金公司将购买的大额、高利率的定期储蓄以小份的形式向公众出售，由此，小额投资者获得了投资大额存单才能获得的高收益，也保障了安全性和流动性，货币基金由此诞生。

货币基金的安全性源自投资的资产，主要包括短期利率产品、短期国债、央行票据等短期货币产品。简单说，您投资货币基金的钱要么借给了银行，要么借给了国家，这些东西安全性极强，几乎不可能停止兑付；同时，货币基金一般对资产最长久期[1]和平均久期有严格限制，所以能够同时保持充裕的流动性。

严格的投资标的和时间限制，使得货币基金收益高于存款类产品，收益又非常稳定，基本类似于银行存款。由于种种原因，商业银行并没有向公众推出相关理财产品，所以人们对此并不熟知。这种特性总会被人发现，互联网金融就利用了这个特点，把自己打造成银行存款最强有力的对手，而第一个吃螃蟹的就是阿里巴巴旗下的余额宝。

根据天弘余额宝发布的 2018 年年度报告公布的数据，2018 年末余额宝规模达到 1.13 万亿元，持有人户数为 5.88 亿户。同期，招商银行活期存款只有 1.01 万亿元左右，零售客户数为 1.25 亿户。招商银行是国内一家公认的优秀零售银行，也就是说，余额宝已经从规模上超过了招商银行。

余额宝用短短几年时间走过了银行几十年才能走完的路，还没有大张旗鼓开设网点、招聘员工，仅用一个网页就揽来了银行几十年才达到的资

---

1 久期：测量产品到期期限的尺度，每一种产品距离到期时间的加权平均值。

金规模和客户数量，这到底是为什么？阿里巴巴是怎么敲开宝库之门的？

盛名之下无虚士，余额宝崛起其源有自。

一是以“余额宝”为代表的宝宝们最吸引投资者的就是门槛低、起点低，能够集合碎片化资金，呈现出典型的“草根化”趋势。1 元也可以理财，可以说是零起点，只有它能做到，银行或实体金融机构绝无可能，毕竟商业银行管理一个上亿账户和一个 1 元账户的成本是一样的。

二是货币基金费率很低。与余额宝对应的增利宝基金总年费为 0.63%，费率远低于其他货币基金。

三是开户、支付非常便捷，从客户认证到资料审核，一键开户。尽管阿里巴巴最后还是要把信息链接到金融机构（天弘基金），但是阿里为用户简化了很多手续。曾有判断，在互联网上如果验证超过三步，用户就会望而却步。如此，对比一下商业银行的网银和支付宝的登录手续，孰优孰劣可想而知。

四是互联网货币基金利用其他金融机构不具备的纯网络化优势，互联网货币基金用户不用跑腿就能随时随地办理，方便快捷，没有任何时间和空间上的限制。加之阿里巴巴推出支付宝是因为有电商平台，基于自身庞大的客户群体、大数据优势和品牌效应，能在短时间内取得客户信任并迅速占领市场。

见微知著，很多人曾因此设想，实体网点一定会灭绝。这就有点杞人忧天了，银行是不可能被蚂蚁金服一类的机构取代的，这些机构虽然有移动支付牌照，但永远不可能成为银行。原因很简单，银行是重资本行业，互联网金融机构是轻资本行业，阿里巴巴不可能以卵击石去碰重资产业务。

货币基金是一种理财产品，与任何理财产品一样，都存在损失的风险，没有谁规定投资国债、银行就一定能保障赚钱。但一般情况下我们还是不太可能遇到货币基金破产的。那么，要怎样选择货币基金呢？在这里我们仅给出几条原则：

第一，货币基金虽然设置了影子价格、偏离度等方式检测风险，但难以弥补市场短期波动或信用事件带来的风险。一旦市场出现短期波动，或者严重的信用事件，货币基金的标的价值同样会受到严重冲击。

2008 年金融危机中，全球知名的投资银行雷曼兄弟倒闭引发全面流动性危机，信用风险发生，流动性陷入极度紧张状态，货币基金疯狂赎回，恐慌进一步蔓延。当时，雷曼兄弟公司申请破产保护，其旗下价值 7.5 亿美元的货币基金被清盘，净值跌至 97 美分，由此导致了金融市场基金的连锁反应。迫使美国财政部设立“货币市场基金担保——临时担保项目”，一旦货币市场基金低于 1 美元，该基金将入市，将货币基金强行拉回 1 美元。

第二，与其他任何基金一样，货币基金也面临内部风险和外部风险。内部风险主要是内控风险，比如内部人监守自盗，弄了点现金出去，这就不要怪基金清盘了；外部风险主要来自市场风险，如果货币市场持续宽松，那么客户也赚不到几个钱。

第三，货币基金面临来自货币市场波动的风险，虽然这种风险非常小，但在极端情况下并不排除发生剧烈震荡。每日开放制度下，一旦发生剧烈动荡，货币基金面临着巨大的赎回风险，这对于机构来说将是灭顶之灾。

2008 年全球金融海啸，起因之一正是看似根本不可能发生风险的货币基金。在金融市场，不能正视风险甚至掩盖风险，最终风险只能由公共部门来买单。2013 年以来非银行融资迅速增加，这些在公共视野中仍旧是无风险产品，甚至银行与银行之间这些交易也被视为无风险或者低风险。这无疑将拉长整个信用链条，扩散而不是化解风险。

2011 年欧洲债务危机和 2013 年美国财政危机期间，货币基金同样出现了大额赎回事件。我国虽然没有出现过类似情况，但同样的产品下，类似的风险并不能绝对忽视，一旦出现，将对投资者和整个金融体系造成巨大的冲击。

那么，购买货币基金究竟该有什么标准呢?

首先，在利率下行时，选择规模较大的货币基金能够避免增量资金摊薄投资收益；在利率上行时，货币基金的收益率也会随之上行。因此，选择规模适中的货币基金较合适。

其次，成立时间长、运营时间久的货币基金，一般业绩较稳定。

最后，可以看基金公司的产品线。同一家公司旗下运作的基金产品一般具有转换功能，产出丰富，货币基金持有者的选择空间就大，当股市走牛时，可以获得更多收益。

其实，说了这么多，货币基金总体看来还是安全性最高的投资品之一，我们选择的时候主要还是看收益。

投资国债的秘密

国债，就是国家发行的债券，曾经被称为国库券。一般情况下，国债以国家信用为基础向社会发行，被称为无风险债券或金边债券。

国债安全性高，又因为具有债券属性，比同期银行存款的收益高，所以，国债是理财市场上的抢手货，万人空巷，有人甚至四五点早起在银行门口排队，最后可能空手而归，毕竟每个网点可发售的国债数量有限。

尽管国债具有诸多优点，但很多人不知道的是，买国债需要很高的技巧，国债安全也并不是买了之后就万事大吉，静等还本付息。如果忽略了投资技巧，结果不尽如人意的现象非常普遍。

这一节就说说投资国债的秘密。

按照不同标准划分，国债可以分为很多种，从实际操作的角度出发，这里只讲解我们日常接触比较多的凭证式国债和记账式国债。

先说凭证式国债。

凭证式国债看起来很像银行的定期存单，但利率一般比同期银行存款高 1%—2%，虽然不能上市流通交易，但可以提前兑付。

凭证式国债在各大银行网点都可以购买，记名可丢失的特性增强了安全性。重点是老年朋友，这部分群体不熟悉银行理财产品，绝大多数金融资产都是存款，那么以后可以换成国债，收益高、风险小。

买凭证式国债时需要注意：不能拿短期的钱买凭证式国债，凭证式国债是有赎回期限的，约定期限之内确实可以提前支取，但最后可能不但赚不到钱，还会有一点损失。

不信？看下面两种情况。

2019 年 3 月初，财政部在多个银行网点发行当年第一期和第二期储蓄国债（凭证式）三年期票面年利率为 4%，五年期票面年利率为 4.27%，高于同期银行存款利率一个百分点以上。

看起来是一笔收益率还算可以的投资，因为能够提前兑付，小李便将手头的 50 万元现金买了国债。谁知不过三个月，小李急需用钱，不得不将国债提前兑付，结果不但没收到利息，自己还白白多掏了 500 元手续费，最后得不偿失。

究竟怎么回事呢？

原来凭证式国债有这样的规定：本批国债提前兑取时，按兑取本金的1‰收取手续费，并按投资者实际持有天数及相应的利率档次计付。具体如下：从购买之日起，国债持有时间不满半年不计付利息，满半年不满 1 年按年利率 0.74% 计息，满 1 年不满 2 年按 2.47% 计息，满 2 年不满 3 年按 3.49% 计息；5 年期国债持有时间满 3 年不满 4 年按 3.91% 计息，满 4 年不满 5 年按 4.05% 计息。[1]

---

1 来源：宁波晚报数字平台。

小李的国债持有期不满半年，因此不能计息。不但不能拿到利息，此时因为提前兑付，额外需要支付1‰的手续费（即500元）。小李没有搞清楚凭证式国债的计息规则，最终不但没有取得预期收益，反而丧失了机会成本，损失了部分手续费。

此外，凭证式国债按照持有时间分档计息，在投资凭证式国债之前，投资者有必要将其余同期银行存款和理财产品的收益率、流动性进行比较。

说第二种情况。假设小李买了3年期50万元的凭证式国债后，发现当年发行的第三期、第四期的国债，期限相同，利率却比自己买的高一点，此时要不要提前兑付，重新购买呢?

新发行的国债利率虽然高，从绝对数额上可能优于之前的，但这样操作并不能一定取得最好的收益。

这个问题非常复杂，我可以告诉大家一个简单的公式，各位可以自行判断：

（投资金额 ×A×3 年）= 投资金额 ×(B÷360 天 ×D)+ 投资金额 ×[C÷360 天 ×(360 天 ×3 年 −D)]−(投资金额 ×1‰)

其中投资金额已经确定，在案例中是50万元，A是之前国债的利率，B是提前支取国债应计算已持期限所对应的年利率，C是提前支取购买新国债的利率。这些数据都是已知的，只有D是未知的，D为凭证式国债提前支取后再买新凭证式国债盈亏平衡的天数。

根据等式，很容易计算出数值 D。如果 D 等于小李已经持有国债的天数，转购之后的收益一样，所以就不需要转购了；如果 D 小于小李已经持有国债的天数，继续持有现有国债是最佳选择；如果 D 大于小李持有国债的天数，则转购新的国债更适合。

凭证式国债提前兑付利息会受到一定损失，所以对于大额资金来说，可以化整为零，将大额资金分成几小份分别购买，例如 10 万元可以分成 5 个 2 万元的凭证。这样，既能保证获得足够的利息，需要提前兑付的情况下又能满足不时之需。

最后要提醒大家的是，凭证式国债到期后不存在银行存款一样“自动转存”的说法，到期后不再支付任何利息，因此到期后要及时支取，避免损失时间成本。

再说记账式国债。

所谓记账式国债，就是财政部无纸化发行的、由电脑记录债权债务关系的凭证。与凭证式国债相比，记账式国债可以在交易所的交易系统内发行、上市、交易，投资者可以通过证券账户交易，可记名挂失。

记账式国债除了具有凭证式国债安全性高、流动性好、收益高等特点外，还有自己的特征：复利计息。从这一点来说记账式国债的收益比凭证式国债要高。中长期记账式国债一般半年或一年付息一次，利息可以用来再投资，相当于复利计息；同时，记账式国债品种多，投资者选择范围广，目前可交易的记账式国债一共有 29 只，期限从 1 年到 20 年不等。

记账式国债存在的风险，倒不是本金损失的风险，而是记账式国债价格受市场影响较大。除了能拿到利息，记账式国债可以在市场卖出，买卖价格随行就市，类似于股票买卖。不同时点卖出，对应着不同的市场价格，投资者的实际收益就会完全不同。

既然买卖记账式国债可以像交易股票一样买卖赚取差价，在赚钱之前就要了解影响记账式国债价格变动的因素。决定记账式国债价格的两个因素为国债的预期收益率和市场利息率，当预期收益率低于市场利息率时，行情就会下跌，反之则会上涨。

有人说，记账式国债也是国债，下跌等着还本付息就是了，反正本金也不会损失。这种判断是对的。记账式国债不是股票，利息也不是上市公司分红，股价跌了可能涨不回来，记账式国债的本金一定是要兑付的。

与股票动辄涨跌一两个点不同，记账式国债的波动很小，大多在几十个 BP（英文 basis point 的缩写。一个 BP 是万分之一，即 0.01%。100 万的债券波动一个 BP，总价变化为 100 元）以内。

这种波动小到普通投资者根本感觉不到，但机构投资者确实是靠这几个 BP 赚取差价，而且债券是银行类投资者主要的市场工具之一。

除此之外，记账式国债的价格还受以下几个因素影响：

第一，原始待偿期和剩余待偿期。债券的收益与不确定性成反比，不确定因素越大，收益就会越高。债券的原始待偿期和剩余待偿期越长，未来面临的不确定因素就越大，风险可能就越大，所以价格越低；反之风险小，价格相对高。

第二，票面利率（也称为约定利率或名义利率），投资者每年能够得到的利息为票面利率和债券面值的乘积，通常每半年或一年支付一次。票面利率的高低是影响投资者购买决策的重要因素之一，对债券的价格也有重要的影响。一般票面利率与价格呈正比关系，票面利率越高，价格一般也越高，票面利率越低，价格变动性越强。在市场利率上升时，票面利率低的债券价格下跌得更快；反之，低票面利率的产品增值潜力更大。

第三，从供给和需求上说，如果财政赤字增多，财政部就会发行更多的国债弥补赤字，国债的供给增加，价格则会下降。财政平衡或盈余，财政部就不会发行那么多国债，供给不足则影响国债价格；如果投资者购买意识强烈，国债供不应求，则价格上涨，反之价格下跌。

第四，央行的公开市场操作情况。国债是央行公开市场操作的重要对象之一，当央行实行较紧的货币政策时，一般会在债券市场抛售国债回笼货币，进而导致债券价格下降；反之，在施行较宽松的货币政策时，为了释放流动性会在市场上买进债券，造成债券价格上涨。

第五，经济形势。在经济景气周期中，投资机会多、投资收益高，资金就会从收益固定、安全性高的国债市场流向其他更赚钱的渠道和投资品种，博取风险投资收益。资金的转移和流出会造成债券价格下跌。反之，当经济不景气、投资机会少、投资收益低时，安全、保本的国债就是抢手货，资金流入则会造成国债价格上涨。

第六，物价因素也会影响国债的价格。当物价上涨时，国债的实际收益率必然下降，为了对抗通货膨胀的风险，投资者会转向其他收益更高的品种，进而导致资金流出，债券供大于求，引起价格下跌。

此外，投资者的投资经验与心理因素、国际关系与经济局势、国内政治形势等因素也会影响国债的价格变动。

影响国债价格变动的因素这么多，投资时应该注意哪些问题呢?

根据影响债券价格的因素，可以制定以下操作原则：利率较高时买入债券，利率较低时卖出债券；当预期市场利率上涨时，债券的价格将走弱，此时应该以投资短期债券为主。反之，预期市场利率下降时，则应该以配置较长期限的债券为主。

存款、基金、资产组合的投资技巧也可以在国债投资市场上运用。例如可以将资金分为 12 份，间隔相同的时间买入同等金额的同一期国债，未来一段时间内将获得稳定的利息收入；将资金分配在长短不同期限结构的债券中，就能平滑未来利率变化带来的风险；不将鸡蛋放在一个篮子里，将债券与股票组合操作，牛市时提高股票的权重，熊市时提高配置债券的比例。

最后，提醒大家投资国债最大的风险。一般国债的安全性较高，不存在兑付风险，投资国债最大的风险来自通货膨胀。投资者应该根据当前通货膨胀情况和国债利率，计算实际收益，避免资金在无形中“亏损”。

国债逆回购可以赚更多

“国债逆回购”听起来是一个很高大上的术语，其实每一个普通人也可以参与其中，一般情况下收益率高于货币基金。

简单地说，国债逆回购就是以国债（虽然抵押物并不一定是国债，但非国债品种都经过结算公司的一系列折算，换算成标准券）为抵押物的借贷行为，借款人将国债抵押给投资者，到期归还本金并向投资者支付约定利息。

因为是借贷行为，约定了期限和利率，有国债作为抵押物，通过证券交易系统完成，因此国债逆回购安全性极高，而且收益也相对高。

简单地说，**国债逆回购的操作就是一种短期融资行为。**对于双方来说，国债所有人作为融资方获得资金，投资者获得投资收益。

具体说说操作的顺序。投资者是“卖出”资金，获得国债作为抵押物，而融资方要“买入”资金。对于投资者（融券方）来说，与一般的股票、国债买卖的先买后卖顺序不同，投资者首先在软件上做“卖出”操作：融出资金，获得国债。等逆回购到期后，资金和利息会自动回到投资者证券账户，国债作为抵押物同时自动归还给融资方。国债逆回购的“逆”，也是因为先卖后买的顺序而来。

买卖顺序和交易过程用文字表达出来看着有些复杂，但实际操作非常简单。证券交易软件对这些都进行了系统化的设置，因此只需在软件中填写品种、金额（或数量）、利率等关键因素，做卖出操作即可，后续事宜证券交易软件会自动完成。

国债逆回购的抵押物是国债，因此具有安全性高、流动性好的特点。从收益上看，国债逆回购一般比货币基金的七天年化收益率略高。

2019 年 5 月 23 日，R-007（代码：131801）七天期的年化收益率最高为 2.758%，当天余额宝和余利宝的七天年化收益率为 2.452%，招商银行朝朝盈（招钱宝货币 B，代码：000607）七天年化收益率为 2.564%。在 2018 年 12 月底的几天，R-007 的年化收益率甚至达到 8% 以上，国债逆回购一天期产品年化收益率有时会超过 10%。

国债逆回购收益率较货币基金具有一定优势，在个别时期更是货币基金和同等期限存款收益的数倍、数十倍。别看每天收益率相差得不多，但投资不就是积少成多、循序渐进的过程吗？本金相同，每天多赚 0.1%，1.001 的 100 次方和 0.999 的 100 次方将差出千百倍。

正因如此，国债逆回购的市场规模比股票市场还要大。沪深两市交易所一天的成交额加到一起也就四五千亿元，牛市时过一万亿元的交易日也很短，但对于国债逆回购市场来说，几千亿元只是最普通的一个品种的成交额。GC001（代码：204001）一天的成交额常年维持在 7000 亿—9000 亿元之间，R-001（代码：131810）每天的成交额也在 800 亿元左右。

纸上得来终觉浅，绝知此事要躬行。应该如何进入这个市场，去分一杯羹呢？闲话少叙，下面直接说如何操作。

想要做国债逆回购，首先要开一个证券账户，然后就可以在证券交易软件中买卖逆回购了。下面以招商证券的软件为例说明具体操作步骤。

打开软件，点击左下角的“债券”栏，在新页面的上方可以找到“国债逆回购”五个字，随后就可以看到图 8-1 显示的全部 18 个国债逆回购品种。心急吃不了热豆腐，赚钱之前先了解这张图里每处信息的具体含义，顺便说说操作的注意事项。

债券首页 可转债套利 国债回购

	代码↑	名称	涨幅%	现价	最高	最低	成交额	每10万收益	资金可用	资金可取	计息天数
1	131800	R-003	-16.12	2.06	2.480	2.050	5亿	22.52	20190527	20190528	4
2	131801	R-007	0.00	2.21	2.758	2.020	41亿	42.38	20190530	20190531	7
3	131802	R-014	-15.38	2.20	2.800	1.810	5亿	102.51	20190606	20190610	17
4	131803	R-028	-3.14	2.62	2.730	2.400	6亿	200.99	20190620	20190621	28
5	131805	R-091	2.66	2.70	2.850	2.500	0亿	673.15	20190822	20190823	91
6	131806	R-182	1.91	2.67	2.850	0.300	0亿	1331.84	20191121	20191122	182
7	131809	R-004	-75.71	0.60	2.539	0.225	8亿	6.58	20190527	20190528	4
8	131810	R-001	-22.69	2.01	2.660	2.010	849亿	16.52	20190524	20190527	3
9	131811	R-002	-13.04	2.00	2.500	1.150	9亿	21.92	20190527	20190528	4
10	204001	GC001	-6.21	2.49	2.700	2.000	6998亿	20.47	20190524	20190527	3
11	204002	GC002	-5.69	2.48	2.675	2.000	93亿	27.23	20190527	20190528	4
12	204003	GC003	-5.82	2.51	2.750	1.150	57亿	27.51	20190527	20190528	4
13	204004	GC004	-6.18	2.51	2.600	1.610	97亿	27.45	20190527	20190528	4
14	204007	GC007	-5.33	2.58	2.670	2.375	727亿	49.38	20190530	20190531	7
15	204014	GC014	-2.84	2.74	2.820	2.500	155亿	127.62	20190606	20190610	17
16	204028	GC028	-0.92	2.70	2.800	2.060	40亿	207.12	20190620	20190621	28
17	204091	GC091	1.06	2.86	2.865	2.800	2亿	713.04	20190822	20190823	91
18	204182	GC182	3.83	2.85	2.850	2.650	0亿	1421.10	20191121	20191122	182

图 8-1 国债逆回购品种（2019 年 5 月 23 日）

第一列的“代码”基本不用关心。

第二列的“名称”需要注意两点：

第一，以“R”开头的是在深圳证券交易所的交易品种，操作起点是1000 元。因为每张的面值为 100 元，所以在实际操作时，软件上输入的卖出数量以 10 为单位。类似的，如果想操作 5000 元的，那么买卖数量那一栏要填写 50。

以“GC”为开头的是在上海证券交易所买卖，操作起点是 10 万元，以 10 万元为整倍数递增。虽然每张国债票面面值都为 100 元，但以“手”为操作单位（1 手 10 张），因此 10 万元操作时在软件上应该输入 100。类似的，如果操作 50 万元，应该输入 500。

相同期限的国债逆回购，一般上海证券交易所的收益率会高于深圳证券交易所。上海证券交易所的交易起点为 10 万元，门槛相对较高，收益率上必须高才能吸引大资金。

第二，名称后面的数字，例如“001”“014”“028”等代表国债逆回购的期限。“001”代表持有期限为 1 天，资金计息后隔日到账，“002”代表持有期限为 2 天……“182”代表持有期限为半年。

这里有一个问题要注意，做哪个品种需要根据自己资金空闲时间及到期期限决定。比如 8 天后才用钱，那么同等收益的情况下，选 7 天期的逆回购最好；如果 12 天后用钱，那么先做 7 天期的，到期再做一个 4 天期的即可。如此，可最大限度提高资金利用效率。

第三列的涨幅可以忽略，第四列的现价是我们重点关心的对象。

第四列的现价与股票软件上显示的交易价格不同，此处现价代表年化收益率，比如 R-003 的年化收益率是 2.06%，R-014 的年化收益率是 2.20%。

这么多期限和利率，应该如何选择呢?

一般国债逆回购的期限越长，不确定因素越多，利率应该越高。因此，如果短期限产品的利率高于长期限产品利率，应该优先选择较短期限的利率。

另外一种情况，季末或者年末一般会出现较高的收益率，此时锁定长期稳定的利率较好。2018 年 12 月底，R-001 的收益最高在 8% 以上；2019 年 1 月 2 日最高甚至达到 13.300%，而 7 天期的利率只有 8.951%。1 天期逆回购虽然利率高，但享受的时间短，过几天很大概率享受不到这么高的利率了，所以此时做 7 天期的产品锁定未来收益更合适。

第八列显示每 10 万元投资相应品种到期所获得的收益。比如 10 万元 R-014 到期获得利息 102.51 元，那么 1 万元对应的收益就是 10.25 元。其实国债逆回购的到期收益不用自己计算，在操作国债逆回购时软件会根据金额、期限、利率自动显示总收益。

第九列和第十列显示资金可用日与资金可取日。资金可用日就是资金到账户里的时间，到了账户，资金不能取出到银行卡，但不影响买卖股票或购买其他投资品种。资金只能在资金可取日才能从证券账户转出到银行卡，所以，在操作时需要考虑节假日及周末到账时间因素。

最后一列，计息天数，即实际计算利息的天数。计息天数这里有一个多获得收益的小技巧，一般在周四做 1 天期的，可以计息 3 天；周三、周四做 2 天期的，可以计息 4 天。但如果周五做 2 天期的，却只能计息 1 天。计息天数可参考表 8-1 的表格。

表 8-1　短期逆回购计息天数（来源：根据公开资料整理）

短期逆回购计息天数				
品种	操作日期	开始计息日	结束计息日	计息天数
1 天期	星期一	星期二	星期二	1
	星期二	星期三	星期三	1
	星期三	星期四	星期四	1
	星期四	星期五	周日	3
	星期五	下周一	下周一	1
2 天期	星期一	星期二	星期三	2
	星期二	星期三	星期四	2
	星期三	星期四	周日	4
	星期四	星期五	下周一	4
	星期五	下周一	下周一	1
3 天期	星期一	星期二	星期四	1
	星期二	星期三	周日	3
	星期三	星期四	下周一	5
	星期四	星期五	下周一	5
	星期五	下周一	下周一	4
4 天期	星期一	星期二	周日	6
	星期二	星期三	下周一	6
	星期三	星期四	下周一	5
	星期四	星期五	下周一	4
	星期五	下周一	下周二	2
7 天期	星期一	星期二	下周一	7
	星期二	星期三	下周二	7
	星期三	星期四	下周三	7
	星期四	星期五	下周四	7
	星期五	下周一	下周五	7

此外，还要考虑法定节假日情况，在假期前做逆回购，能享受到更多收益。2018 年 12 月 27 日 GC001 年化利率最高超过 10%，此时参与 1 天期逆回购能够享受包括元旦假期在内的 5 天收益。以此类推，前一个交易日参与 2 天期逆回购，也能享受到假期收益。

如何计算国债逆回购实际计息天数是一个精细且复杂的问题，如果你实在不想弄清楚，图 8-1 的最后一列会帮你解决这个疑惑。

最后，需要说明影响国债逆回购收益高低的因素。

因为国债逆回购本质上是一种借贷关系，利率为瞬时借贷双方达成的约定利率，这个利率对于成交双方虽然是固定的，但整体走势也会像股价一样受供求关系的影响上下波动。

这种供求关系，一般受货币政策影响较大。如果央行在市场上投放流动性，国债逆回购的利率一般会降低，收紧流动性利率会提高。因此，在节假日前、月末、季末、年末前市场资金比较紧张的时候，国债逆回购的收益率会比较高。

国债逆回购收益的高低是相对而言的，作为安全、保本的产品，一般认为只要收益比余额宝当期收益、同期银行存款收益高，就可以认定为高收益了，此外还可以参照历史走势图，当日 K 线走势较强劲时，也代表收益较高。

以上介绍的债券品种都具有保本性质，下一节介绍的可转换债券，不仅能够保本，牛市时还能赚取风险收益。

可转换债券：保本的“股票”

债券收益低，但具有保本性质；股票收益高，但价格波动大、收益不确定性更高。有没有一种产品，同时兼具两者的优点：在保本的前提下，能赚取足够多的风险收益呢?

有，答案是可转换债券。

可转换债券对很多投资者来说是一个陌生的投资品种，就算是炒股多年的老股民，也不一定能精通可转换债券的赚钱门道。

所以，我们更要了解可转债的门道，任何一个门类越早投资的人就越赚钱。第一个吃螃蟹的人才能吃到蟹黄，后来的人可能被螃蟹夹伤，或者只能吃一些残羹剩饭。第一批下海经商的人都成了行业翘楚；最早买房的人都实现了财富自由，最不济也搭上了财富的列车；马云是最早做电子商务的人，如今成就了阿里巴巴帝国；马化腾是最早尝试即时通信工具的人，如今打造了自己的腾讯帝国。

财富总是掌握在勇敢的人手中。

可转换债券全称为可转换公司债券，顾名思义，因为它和其他的债券有所不同，不仅可以持有到期满拿回本金和利息，债券持有人还可以在未来一段时间或达到某个条件后，按照约定转换为该公司的股票，发行债券的公司必须接受、不能拒绝。

可转换债券具有债券、股票以及期权的多重属性，在熊市中能保本，牛市中能获得风险收益，同时又能和股票一起实现无风险套利交易。通常认为，可转换债券有三种变现途径：一是可以持有至期满拿回本金和利息；二是可以在流通市场卖出；三是可以在约定条件下转换为公司股票。

三种变现途径代表了三种获取收益的方式，同时体现出可转换债券的三个特征：债权性、转换权、期权性。正是因为具备这三个特征，所以可转债才比债券、股票、期权都更有价值。

债权性

在可转换债券转换为股票之前，它和其他公司债券一样，具有保本保息的特征，债务人必须按照约定的利率和期限支付债权人的本金和利息。

理论上，可转换债券在持有期间的利息要比普通股的分红股息率高一点，否则持有人将会行使转换权利，将债券转换为股票。

亚泰转债（代码：128066）的公开详细资料显示，债券期限是6年，票面利率说明如下：本次发行的可转债票面利率第一年0.5%、第二年0.8%、第三年1.2%、第四年1.5%、第五年2.0%、第六年3.0%。按照票面利率计算，持有亚泰转债到期平均年化收益率为1.5%。

对于正股亚泰国际（代码：002811）来说，上市将近三年来只有两次分红（每次每股0.2元），平均股息率不足1%。可转换债券的利率高于其正股的股息率，保障可转换债券持有人继续持有债券。

不过理论的情况也有意外，中信转债（代码：113021）的票面理论规定如下：第一年 0.3%、第二年 0.8%、第三年 1.5%、第四年 2.3%、第五年 3.2%、第六年 4.0%。如此计算，年化收益率超过 2%，但与正股中信银行（代码：601998）超过 5% 的股息率相比，中信转债的性价比就逊色一大截。

可转换债券的利息率与股息率的现实情况存在较大差异，投资者在买卖前应该仔细斟酌比较，不能让理论成为收益增长的绊脚石。

转换权

可转换债券在转股之前，和一般的债券没有区别，但当它按照约定条件转换成股票后，就丧失获得本金和固定利息保障的权利，保本保息的债券属性彻底丧失，债券变为股票，投资收益来自股票分红和股价波动的价差，债券变为股权，债权人变为股东，债券发行方不再承担还本付息的压力。

转换权是投资者享受的、一般债券没有的特权。

可转换债券发行后并不能立即转换成股票，一般会有一个宽限期。在宽限期后，债权人按照约定将债券变为股票，发债公司只能接受、不得拒绝。权利和义务都是对等的，债权人多了一项转换的权利，所以才会接受可转换债券的利率低于一般债券利率。

除了转换权，可转换债券通常会有赎回条款。可转换公司债券发行人在一定条件下可以强制赎回债券，因为多了这项权利，所以必须支付比没有赎回条款的可转换债券更高的利率。

转换权是可转换债券的最大特征，这使投资者在获得保本收益的同时，可以博取更高的风险收益；对于企业来说，投资者由债权人变为股东，实际上免除了企业偿还债务的压力，同时扩大了股本，何乐而不为？

期权性

可转换债券的债权变为股权，需要投资者进行转换才能体现，而决定是否进行转换是一种权利而不是义务，这种权利相当于美式看涨期权[1]：放弃这种选择权则是债权人，获得本金和利息保障；行使这种权利，债权人将变为股东。

可转换债券的期权属性，通过条款体现出来：转换条款和回售条款一样，相当于投资人的多头期权，让投资者的收益“下有保底”；赎回条款对于债券发行人来说也相当于多头期权，让投资者的利益不是无限放大，以可以维护自己的利益。

这两个条款中，转换条款最能体现可转换债券的期权属性。期权属性也会影响可转换债券的价值。

当可转换债券的正股价格下跌时，股票盈利的吸引力降低了，可转换债券期权价值就会下降，债权属性发挥更大价值，投资者持有债券到期享受固定利息收入和本金偿还保障；正股价格上涨时，股票盈利的吸引力增强了，可转换债券的期权属性就会发挥更大价值，可转换债券的价格会随着正股的价格上涨而上涨，此时将可转换债券转为股票，可以享受股票的资本利得收益和股息。

---

1 美式期权是指可以在成交后有效期内任何一天被执行的期权。

可转换债券到底怎么样？投资这件事，不看广告，看收益就一目了然，市场对可转换债券的认可程度是最好的答案。

2019 年，可转债市场火爆。3 月 5 日骆驼转债上市高开 16.47%，当日盘中最高冲击到 130 元，收盘上涨 22.75%。2019 年有 118 只可转换债券上市，无一例外全部上涨，其中有 24 只涨幅超过 15%，特发转债在 2 月 26 日创下了 229.98 元的新高，较 2018 年年末涨幅超过 100%。

市场行情火爆时，很多可转换债券上市第一天就能赚不少银子，与新股低得可怜的中签率相比，可转债的中签率要高很多倍。

巨大的利益引来了资本的持续关注，新闻报道有人用 1 元钱注册空壳公司专门申购可转换债券，有人甚至注册几百家空壳公司专门做这个一本万利的买卖，申购成功后等到上市当天卖出，一波操作可以赚几十万元、上百万元。

这么好的产品，哪里可以买到呢？和做国债逆回购一样，直接开通一个证券账户，就可以投资可转换债券了。

一般，投资可转换债券有三个途径：

一是关注申购信息，像申购新股一样，直接在证券账户申购可转债，中签后缴款即可。申购 1 手可转换债券的最低价格为 1000 元，所需资金较少，门槛低，导致中签的概率会比申购新股高很多。

在现行的交易制度下，普通投资者满额申购即可，一般会根据市场火爆情况中 1—2 手。这里要提醒，12 个月内连续三次申购可转债成功但没有缴款，自最后一次申报开始后的 6 个月内，投资者将不得申购新股、可转债、可交换债。

二是可以直接购买可转换债券对应的正股。按照发行可转换债券的条款，正股持有者优先享有可转换债券的配售权。因此，投资者可以在股权登记日前购入足够数量的股票，在配售日行使配售权获得可转换债券。

三是通过证券账户直接像买卖股票一样买卖可转换债券。

知其然，还要知其所以然。

了解完可转换债券的基本知识，并不能直接进行投资。这就像拿到了八荒六合唯我独尊功的秘籍一样，不是所有人都可以去练习。在此之前，需要了解修炼这套武功的利害方面和影响因素，自己不能接受修炼的痛苦，没有稳定的环境，得到再好的武功秘籍也是形同虚设。投资也是同样的道理，投资之前非常有必要了解影响可转债价格变动的因素，做到成竹在胸。

1. 市场利率。作为债券的一种，可转换债券的价值与市场利率呈现反向关系：当市场利率上行时，可转换债券的价值下降；当市场利率下行时，可转换债券的价值上升。

可转换债券还有期权属性，期权的价值同样受市场利率影响。当其他条件不变时，期权的价值与无风险利率呈正比关系：无风险利率上行时，期权价值会跟随上涨；当无风险利率下行时，期权价值会下跌[1]。

2. 正股价格。根据条款约定，可转换债券可以按照转换价格转换为

---

1 尹彦方．基于 LSM 模型的可转换债券定价和投资策略．暨南大学，2015.6.30.

对应的股票，因此当股票的价格上涨并超过转换价格时，可转换债券的价值就会随之上升。

可转换债券中期权的价值，受正股价格波动率的影响也比较大。期权的价值与正股的波动率呈正比关系，正股的波动率越大，期权的价值也会越大，进而可以提升可转换债券的价值。

3. 转换价格。转换价格是投资者行使转换权利时每股需要付出的成本，它与可转换债券的价值呈反比关系。通常可转换债券按照一定比率转换为正股，这个比率是票面价格 100 与可转换价格的商，因此转换价格越高，转换比率越低，每张可转换债券能够转换的正股数量就越少。

需要提醒投资者，正股出现分红、配股、转增股本、派息等情况，股价就要相应进行变动，此时股本也会发生变化，进而影响转换价格。一般类似情况，可转换债券都有相应的修正条款规定调整方法，这是投资者不能忽视的细节。

2018 年 4 月 16 日晚间，江银转债（代码：128034）董事会发布公告，向下修正转股价：江银转债转股价格由之前的 9.16 元 / 股向下修正为 7.02 元 / 股。修正幅度略超出市场预期，次日江银转债大幅高开超过 4%，最高涨至 98.2 元。

4. 赎回条款。可转换债券的价值一直上涨，对于发行人来说是不利的。为了避免这种现象的发生，必须做出一定的限制。

赎回期和到期赎回条款就是为了达到这个目的，它们是发行人对可转换债券赎回条件的约定，当正股价格连续高于可转换债券价格一定幅度时，发行人有权按照约定价格将可转换债券赎回。

赎回条款相当于给可转换债券的价值规定了一个上限，一旦被赎回，可转换债券包含的期权价值就会消失，对投资者来说是利空。

5. 回售条款。可转换债券的价值一直下跌，对投资人是不利的，为了避免这种情况发生，也要做出一定的限制。

与赎回条款相反，回售条款是对债券投资人的一种保护。当可转换债券的价格连续低于转换价格的一定幅度时，可以按照约定价格将债券卖给发行人，此时债权属性消失。

触发回售条款对投资人有利，对发行人不利，一般发行人绝对不允许自己的可转换债券触发回售条款[1]。

了解这么多，最终是为了实现盈利的目标。可转换债券的盈利方法，究竟有哪些呢？这里介绍两种，一种是可转债与正股的套利交易，另一种是根据可转债指数预判股票市场走势。

先说第一种。

由于这种情况比较复杂，这里只给出基本原理，算是抛砖引玉，详细的操作方法需要读者进一步研究。

市场总是处在千变万化之中，可转换债券转换为股票，虽然转换来的股票和正股代表的权利一致，但受各种因素的影响，转股价与正股价格之间总会存在偏差，如此就会存在一个无风险套利的机会。

1《学术论文联合比对库》，2015-04-09。

根据一价定律，如果同一商品在不同市场价格不同，理论上就可以在一个市场买入低价的，在高价市场卖出，实现无风险套利。因此，只要转股价低于正股价格，就可以将债券转换为股票，在价格更高的二级市场卖出，进行套利操作，获得无风险收益。

利用可转换债券与正股之间的价格波动进行套利，需要区分转换期和非转换期，在此基础上还要注意可卖空市场和非可卖空市场的不同。这样下来，一共有四种情况，而每一种情况都非常复杂。

这里只举一个简单的例子。在可卖空市场中，转股期的可转换债券的转换价值与可转换债券价格之间的差额如果为正数，则可以买入可转换债券，并迅速将之转换为股票，同时在融资融券账户中融券卖出相同数量的正股，最后在转换的股票到账后偿还融得的正股，完成无风险套利。

众所周知，我国股票市场转股交易规则为 T+1。所以在非可卖空市场，投资者在套利时，需要承受一个交易日的正股价格波动，如此风险就会暴露。所以正在套利操作时，存在一个空间阀值的问题。这样的操作，其实已经属于有风险套利。

套利交易对于普通投资者来说操作难度较大，接下来的第二种方法更适合大多数人。

再说第二种。

有学者[1]专门针对这个问题利用协整分析结合格兰杰因果关系检验进

1 高博文，倪际航等．基于 HULM 的可转换债券和股票收益率研究．数学的实践与认识，2018 年 8 月第 48 卷第 16 期．

行了研究，运用 HULM 算法对可转债指数的收益率时间序列数据进行分类拟合、预测。

研究的过程很枯燥，直接告诉大家结论，运用到市场中即可：可转换债券指数的收益率走势先于上证指数，即**可转债指数见顶后上证指数才见顶，可转债指数见底后上证指数才见底。**

实践出真知，这个结论能否经得起现实考验呢?

未来无法预测，不妨从历史走势中寻找答案。2007 年和 2015 年在上证指数暴跌开始之前，可转债指数已经先于上证指数见顶并开始下跌。

这个研究给投资者提供了一个新的视角，可通过可转债指数的走势和上证指数的关系进行操作：可转债指数见顶后，卖出股票指数，规避风险；可转债见底后，在股票市场收集筹码，开始抄底抢反弹。

可转换债券的投资成败，还受债券流动性、投资经验、资金实力、供求关系、股票市场牛熊程度等多方面因素影响，任何一个因素都可能致使最终的结果与预期不同。

第9章

雾里看花：借我一双慧眼吧

有人卖物品、有人卖时间、有人卖亲情，有的生意在繁华之处做，有的生意却只能在月黑风高夜才开张，如此而已。“堪破红尘”无非堪破欲望，意思听起来很浅显，却知易行难。身在红尘，心为红尘所染，抛弃千万欲望就是抛弃红尘，如何堪破?

骗术总纲

百态人生，芊芊红尘，看穿世间一切最好的地方就是市场。市场从来都是最公平的地方，只要能付得起代价，就能买到您要的东西；换句话说，付不起足够的代价，一定不会有人在市场中做公益。

所谓市场，有人卖物品、有人卖时间、有人卖亲情，有的生意在繁华之处做，有的生意却只能在月黑风高夜才开张，如此而已。“堪破红尘”无非堪破欲望，意思听起来很浅显，却知易行难。身在红尘，心为红尘所染，抛弃千万欲望就是抛弃红尘，如何堪破？

人力总有不及之处，很多欲望既不能堪破又不能满足，久而久之就成了一道心结，所以，骗术就有了存在的基础。

真实世界很残酷，所以人们选择不相信真实；虚幻是缥缈的，哪怕有一瞬间的想象也能给人带来满足感，所以人们选择相信虚幻。面对得不到的诱惑，很多人忘记了理性，选择了虚幻，也选择了被欺骗。所谓骗术，在很大程度上不是人去骗人，而是自己欺骗自己，如此而已。

天下骗术千变万化，万变不离其宗：把超现实的东西卖给你，为了那一瞬的虚幻，有的人可以付出最高代价，哪怕燃烧生命也在所不惜（没了钱自然也就没了命）。所有骗术本质都是这样的，更换不同主题，直指心结，利用人的心理弱点，骗别人兜里那点钱。

刘青云曾拍过一个影视剧《绮梦》，大意就是骗子用特异功能引导刘青云入梦，了结一个心结，但每次入梦要千两黄金。刘青云在剧中扮演香港首富，身为首富几乎为此耗光了家财。骗术表象有很多种，要害的东西大抵如此，招数只是略做变化而已。

骗术第一招，给出一个极具诱惑力的目标。

无论骗术宣称的目标多么荒谬，都有人相信，大富大贵、长生不老、逆天改命……经济学，确切地说是西方经济学，它的基本假设是人是理性人，但很遗憾，这个假设是错误的，无论消费还是投资，甚至日常生活，人们偏偏喜欢选择“不理性”。在可以考证的骗术中，往往是越荒谬的目标越有人信。道理很简单，如果不用最大的利益来诱惑别人，怎么可能骗到别人手中的钱？

请记住，骗术给出的目标一定是日常生活中无法实现而人们又特别期待的，有谁不期待美好呢？最常见的，一夜暴富、永远健康是不可能的，但将现实的不可能让受骗者深信不疑，是骗术最有利的基础。

识别骗术，根本上的方法就是杜绝贪、嗔、痴、疑、慢。人生不是小说，没有失散多年亲属的巨额财产让你继承（比如电影《西虹市首富》里的王多鱼），也没有巨额彩票奖金，一旦身处奇遇就距离骗局不远了。

遗憾的是，贪、嗔、痴、疑、慢是人类与生俱来的本性，是所有罪恶产生的根源，普通人不可能戒除，所以总有人异想天开，骗子也就可能永远存在，哪怕最低级的骗术也总有人上当。

请记住，我们都是普通人，不会有人把你变成齐天大圣，如果遇到号称给你三颗痣的人，不一定是紫霞，还有可能是吃人的牛魔王。用简单一句俗语就能解释，“天生掉馅饼，地上有陷阱”。

骗术第二招，给出一批极具煽动性的概念，宣扬通过这些超能力能实现现实中满足不了的愿望。很多人都有救世主心态，自己能力范围之内实现不了的，就期望一些超现实能力的人、手段出现去帮忙实现。救世主思维下最容易产生的是宗教，这种想法同样也是滋生骗子的温床。

骗子经常利用人们的救世主心态宣扬一些超能力概念，他们口中的很多超能力的概念真实存在，大家可能隐隐约约听说过，却不得要领，最终陷入了骗子设计的圈套。

骗子一定会口若悬河、玄而又玄、唾沫横飞，要么是财经理论中极其专业的名词，比如对敲、分形理论、随机过程、行为金融学；要么是晦涩难懂的学术名词，比如量子共振、波粒二象性、区块链；要么是极其神秘的理论，外星文明、远古玛雅预言、平行宇宙……

玄而又玄就是想要似是而非的结果，人类对神秘有天生的获取欲，如果不神秘大家都知道，有什么可说的？神秘所以为神秘，因为普通人根本无法证明，更无可证伪。用玄而又玄的东西去迷惑被欺骗者，似信非信，犹豫之间就中了别人的圈套。

总之，这些东西根本就不是你生活中的一部分，至于能不能赚钱、能不能满足心愿只有天知道。

我可以负责任地告诉大家，普通人终生都不可能第一时间接触到最尖端、最前沿的东西，弄懂这些东西哪怕皮毛都需要一生的学习积淀，是非常专业的事儿。

某一个具体的神秘领域或者高精尖领域，全球能涉及其中的不过几个人而已，绝不可能出现在普通人的生活中。如果身边有人告诉你一个领域如何神秘，可以带来神秘收益，那么基本可以肯定您已经在陷阱之中了。如果您还是不相信，请参考我们给出的标准答案。

骗术第三招，欺骗必然要打亲情牌，让人在嘘寒问暖中卸下防护的盔甲，建立信任，然后再从你口袋里掏钱。

任何骗术都要具体作用到一个人身上，诈骗成功就一定要取得信任，否则如何能心甘情愿让陌生人掏钱？你对谁的信任感最强？当然是亲人、朋友、同事、同学。既然如此，骗子就要成为被骗者最亲近的人。真正成为最亲近的人是不可能的，临时客串一下拿到钱就行。原本信任是很难建立的，可是，面对强光人类总有短暂的失明，面对倏忽而来的亲情攻势也是如此。请不要怀疑骗子在这方面的决心和努力，认个干爹干妈只是小儿科，为了取得信任、为了骗到钱，什么俯首帖耳的事儿都可以做得出来。

能拿到钱，怎么可能不会努力穷其一切手段？

让被骗者信任有很多种法子，最简单的方法，各种关心、各种呵护、各种关怀，大事小情都为你考虑，让您感觉到他是最亲最近的人，比亲生的闺女儿子都亲。真是应了一句俗话，“无事献殷勤，非奸即盗”。人类有自我保护的本能，不可能向他人轻易敞开心扉，更不可能让别人轻易走进自己的生活圈，如果真有一天您遇到了相见恨晚的人，大概率不是找到知己，而是碰到骗子。

每个人都有不顺心的事儿，都有这样或者那样的心愿不能实现，从情感上看，此时人类安全意识的堡垒最虚弱。嘘寒问暖、跑前跑后都是最基本的功夫，最重要的是找准你的软肋，然后顺着软肋往下摸。无论你需要什么，在多长时间内实现，哪怕是生死人而肉白骨，到了骗子嘴里全部都能实现。

莫愁前路无知己，天下谁人不识君？

这首诗的作者高适是唐朝玄宗年间的刑部侍郎，当然天下识君，普通人的世界一般情况下是天涯何处的无名芳草。

骗子这些招式的目标一般不会是年轻人，而是中老年人。千万不要以为中老年人比年轻人更现实，不是这样的，年轻人有自己的梦想，很难相信骗子满嘴跑火车。年轻人脑子灵光，很容易识别骗术，最重要的是他们个个面临特别大的经济压力，买完奶粉、还完车贷房贷，钱包里基本不会剩下多余的钱，根本不值得骗子惦记；只有梦想破灭又急需赚钱的中年人、渴望健康的老年人才会把希望寄托到虚无缥缈的骗局上，偏偏这些人还有点经济基础，也就成了骗子的目标。

骗术第四招，让第三者为骗术证明，以增强骗术的可信性。

人类有从众心理，看到别人赚钱就跃跃欲试，他能赚我就一定能赚。在心理学上也有“环境暗示”的概念，即，如果身边环境不停向一个人灌输某种信息，他就可能认为这个信息是真的，即使信息是假的，之前也知道这个信息是假的，但经过反复灌输也会增强人的信任度。

现实中见得最多的，就是传销。被骗入传销团队后，他们会将你与外界隔离，通过各种老师、教授、专家的培训，反复给你制造某种氛围、灌输一种理念，最终三人成虎。

这不是空口无凭。曾经有一个著名的心理学实验，把一组心智正常的人分为看守和犯人，只用了数天双方就完全接受了自己的身份，可见环境暗示力量之强大。

现实中确实如此，身边熟悉的朋友有成功路径我们可以模仿，别人怎样做我就照样子学，一般情况下这是最有效、最快捷的途径，尤其是多人已经实践、并有成功的经历。

很遗憾，在骗局中所有的一切都是套路，看着有一堆成功人士，事实上却是成功骗人的人士，所谓“赚钱”是他们要合伙赚受害人的钱。为了证明真实性，骗子们会做出夸张的表情、动作、语言，那一脸的幸福让人恨不得立刻置身其中。

这样的骗局很容易识破，为骗子加持的从来都是陌生人，一旦身边出来很多陌生人为一个场景加持征信，一定要三思而后行，百年不遇的好事怎么可能突然都出现在您面前？一个陌生人不可信，一群陌生人就变成了百分百不可信。路边 20 元抽大奖中苹果手机的骗术用的就是这招，一群“陌生人”自导自演的骗局看起来滴水不漏，实则是骗取路人的。

环境暗示原本容易发生在熟悉的环境、熟悉的人之间，陌生人的效果会差很多，只要稍加留意就能识破骗局。关键是一个人心底的贪、嗔、痴、疑、慢，能不能自我破解魔障，所有的骗局都一定要受骗者自我欺骗，然后才能去欺骗受害者。

接下来，我们就看一看常见的骗局场景。

发生在银行里的骗局

最近几年所有银行网点、ATM 机都贴着这句标语："当您接到电话要求汇款时，请千万别信、别汇款，当心诈骗。"每一家银行都这么贴，倒是搞得银行像骗子的世界一样。为何银行总是有防骗提示？

因为这里是钱最多的地方，是最有信用的地方，所以也是骗子死盯不放、最容易发生诈骗的地方。在银行行骗，相当于利用大数据技术精准投放广告——针对特定目标。别的地方骗人也就糊弄个三百二百，与银行相关的诈骗案至少都是几千上万元起步，多者更令人咂舌。

所有围绕银行的骗局千变万化，但关键就一条：骗子让你相信他是银行的，或者真正的银行员工成为骗子，让人相信他的行为代表银行。只要让你相信这一点，他就获得了银行信誉，就获得了行骗的最佳筹码。

总体看来，围绕银行的骗局有如下几类。

第一类：真银行、真员工、假理财。

"真银行、真员工、假理财"是最难识别的一种骗局，行话也称"飞单"，意思是说银行员工吃里扒外，欺骗客户购买非银行发售的理财，然后套取客户资金体外循环（请注意，不一定是银行员工把客户资金据为己有）。

所谓“真银行”是说办理这单业务的所在地是银行，确切地说应该是在银行建筑之内。所谓“真员工”是说骗子本人就是银行员工，有时候甚至顶着行长副行长的头衔，所以普通人很难防范。

银行的员工不是圣人，天天和钱打交道，领导和员工偶尔出个害群之马也是正常情况。与理财相关的诈骗一般情况下发生在私人银行部门，私人银行所面对的客户是银行最优质的客户，跟客户之间的业务往来以理财为主，推荐理财产品就是私人银行部门的职责，所以，很容易取得客户信任。

“飞单”中骗子会为银行客户推荐一款理财产品，收益率肯定比较高，期限一般在一年以内。部分情况下“飞单”的目标并不是纯粹的诈骗，确实是为了融资，只不过是资金体外循环，跟银行毫无关系。资金使用者或是过桥、或是短拆。总之，期限不会太长，从某一笔业务的角度来看，风险也不是很大。

这种案件很难预防，飞单到期的时候如果资产端现金流正常也会如期兑付本息，什么事情都不会有，一切归于无形。生意一定是有赚有赔，体外资金循环投入的项目也不可能包赚不赔，一旦飞单资产端资金流出现问题，或者原本就是一个纯粹的骗局，那么就不可能兑付本息，最终形成风险，以案件的形式暴露在公众视野中。

对客户来说银行是一个整体，任何一个员工都代表着银行信誉，从最开始骗子就已经取得了客户信任。骗子不会傻到对客户说明“飞单”的情况，那样就不是诈骗而是银行员工吃里扒外了。骗子一定准备了一番托词：这是针对高端客户的私密产品，公网无法查询，银行内部也只有少数几个人知道，请注意保密（省得你总出去打听或者出去乱说）……

2013年3月27日《上海证券报》一篇名为《农行再现私售理财品案， 客户500万或打水漂无人赔》的新闻报道称，农业银行深圳坑梓支行副行长杨巧斌向邓先生夫妇销售名为“中鼎迅捷股权投资计划”的理财产品。结果，这款理财产品不是银行发售，引发客户举报投诉。身处银行、真正的员工甚至是行长副行长向投资者口述机宜，又有如此高的投资回报，怎么可能会有怀疑？于是，受骗者签订了合同、掏钱给人家，哪知道这笔钱跟银行理财根本就没关系。

识别“真银行、真员工、假理财”的有效方法倒是很简单。

请记住，骗子之所以能欺骗客户很大程度上是因为惯性，这种骗局很容易识破。客户有信任银行的惯性，或者碍于情面，一般不会去核实理财产品真实性，也就上了骗子设定的圈套。

任何一款银行发行的理财产品通过官方渠道都能查询，而且，理财产品相关信息在银行内部都是公开的，根本就不存在什么“私密发售”的情况。不盖银行的公章只有一种解释，根本就不是银行的理财产品。只要不嫌麻烦、破开情面，直接查询银行官网、打官方电话、多问几个银行员工，都能确认理财产品的真实性。

还有一种可能，向你兜售银行理财，告诉你这款产品本来已经错过了发售期，有内部关系才可以重新买到这个产品。这个时候一定要警惕，任何一款理财产品都有一个固定的发售期限，发售期一过坚决是过期不候。

2013 年有一个典型案件，主角是某股份制银行郑州 21 世纪支行副行长马某某。据《中原非法集资第一案悬疑》报道，2009 年 9 月 1 日—2011 年 10 月 21 日，马某某在担任某股份制银行郑州某支行副行长期间，伙同他人非法吸收公众存款，累计总额 63.95 亿元，该案被称为“中原非法集资第一案”。

相关报道称：2009 年 5 月，马某某在银行工作期间认识了鲁某某，这位鲁某某是该行的钻石贵宾客户。鲁某某提出生意上需要资金临时周转一下，愿意出高息，让这位行长帮忙介绍资金。这位银行的行长马某某便以个人名义，在自己的朋友圈子中以月息 1.5 分至 9 分不等的高息诱使朋友向鲁某某融资。

法院经查认为，马某某、鲁某某事先达成共识，以高息作诱饵，将所吸收的公众存款通过马某某掌握的个人账户转给鲁某某或让集资户直接转账至鲁某某名下，供鲁某某投资使用，吸收公众存款数额巨大，且导致 5.38 余亿元未兑付给集资户，导致众多人财产遭受损失，两名被告人向社会不特定多人吸收存款的行为已构成非法吸收公众存款罪，马某某被判处有期徒刑 7 年半，并被处以 40 万元罚金[1]。

从案件来看，这位银行行长也是被卷挟而入。所以，我们也想借此警示一下在银行工作的朋友，别太看重各种指标、各种压力、各种大客户，在发展业务和遵纪守法之间必须首选遵纪守法，完成业绩指标当然重要，更重要的是守法。

---

1 来源：人民网。

第二类，真银行、假员工、假理财。

不过，这种情况现在已经很罕见。在某种意义上“真银行、假员工、假理财”并不是骗局，但是，这种赤裸裸借助银行信用去误导消费者的行径同样令人非常愤慨。

与“真银行、真员工、假理财”相比，“真银行、假员工、假理财”做局的核心也是银行信誉，让受害者认为他们是银行员工，代表银行信誉。个别银行营业网点大堂服务外包给劳务派遣机构，也就是说，大堂工作人员并不是银行自己的员工。

“假员工”同样难以辨别，他穿西服打领带，彬彬有礼地站在门口，替顾客排队叫号、帮顾客按业务种类填单子（真是银行的单子）。您也许想不到，站在面前叫号、填单子的这些人并不是银行正式员工，甚至可以说跟银行没有任何关系。

当然，这些人不仅仅是为银行顾客服务，还兼职卖一些其他理财产品、保险产品、黄金饰品等。这是一块灰色地带，很难说清楚对错。一般来说这么干的人有基本约束，不是赤裸裸的骗局，所销售的理财产品及其他产品也是有资质的机构发行，不然银行不能视而不见。

倒不是说这些产品违法违规，更多的问题是这些产品不符合投资者要求，本来不应该买这些东西。“疑似银行员工”可不管什么产品，更不管是不是适合顾客，只要有人给提成，就想尽一切办法把产品卖给顾客，每卖一份有一份的提成，在银行大堂卖总比去挨家挨户推销好得多，起码来这里的人都是为了存钱。

识别这种理财有很直接的方法，不是银行的员工，银行不会允许他们戴工牌、名片。再有就是看理财合同上的盖章，如果盖章是银行，责任主体、发售主体都是银行，那么，可以认为是银行出售的理财产品。

否则，投资者就要当心了。

“现货白银”骗局

急需赚钱或者特别渴望赚钱的人，突然听到有赚大钱的机会，会不会去了解一下？姑且不论这个机会是不是骗局，一旦有了这样的心思，兜里的钱已经被骗子掏去一半了。一个人越想赚钱，就越容易让骗子赚到你的钱。

想不被骗子骗，就得知道骗子怎么骗人。这里我们就举几个例子，所谓骗局其本质都是万变不离其宗。

相信很多人都听说过贵金属、原油、天然气等国际大宗商品现货“理财”方式，铺天盖地的广告宣称这些“理财”能够快速赚大钱。这些噱头吸引了不少人的目光，但无论说辞多么美好，其中相当一部分内核还是黑幕和陷阱。

贵金属、原油、天然气期货市场真实存在，身在其中确实有一夜暴富的可能，只不过更多人在其中折戟沉沙。期货市场可不是股票市场，就算退市的股票也不可能让投资者亏光本金。期货市场完全不一样，期货的核心是动用杠杆，一旦动用了杠杆又判断错了方向，亏损的可就不只是本金了。这是一个对技术分析、操盘经验要求非常高的市场，即使没有主力控盘的情况，也根本不是散户可以玩的。

听说过、没见过，几年前一个新兴的投资品种——现货白银，来到了公众的视野。且不管客户的信息是如何被人知道的，在最疯狂的时候，有人一天可以接到十几个现货白银的推销电话。

他们告诉你的核心点只有一个，这是一个可以一夜暴富的市场，几万块钱可以迅速变成几百万元、几千万元甚至上亿元。

当然，仅仅抛出这样的目标还是不够的，还会有如下说辞：

（1）您想赚钱吗？来这里，7×24 小时，这里随时随地都能赚钱。股市开盘只有四个小时，交易的时间大部分人在工作，偷偷瞄行情看股票，工作都做不好。股票肯定是不行，来炒白银吧。白银交易 24 小时不间断，空闲时间都能交易，晚上下班做几把不耽误工作休息，还可以赚大钱，不比不务正业打麻将强多了？

（2）以小博大，用杠杆轻松赚取利润。买股票配资的过程非常烦琐，不仅烦琐，更重要的是普通投资者根本达不到要求。拿不到资金，当然就不能快速致富。那么，来买现货白银吧，用 1/5 甚至 1/20 的钱就可以“买”到全部的商品，节约了资金成本，剩下的钱可以获取其他投资收益。

（3）这是一个全球市场，公平、公正、公开，没有庄家操纵。这个市场的交易量非常大，拥有全球的投资者，别说某家机构，就算是一个国家也没有能力操纵这个市场，巴菲特就曾在这里赚得盆满钵满。

（4）股市规则太多，要想做投资之神，就得进入真正的市场搏杀——白银市场。现货白银采取 T+0 的实时交易形式，没有涨幅、跌幅限制。

买入之后，只要有盈利，就可以随时卖出兑现利润，不像国内 A 股有涨跌停板的限制，明明知道后期还会涨却买不进去（或者跌停卖不出去）。万一亏损了怎么办？立即认赔止损平仓就是了，把损失控制在最小的范围内，下次赚回来就可以了，怎么可能亏钱？

（5）市场并非只有上涨才能赚钱，下跌也一样。白银市场可以双向交易，既可以买入做多，又可以卖出做空，只要你选择对方向，不管上涨还是下跌都能赚钱。股票只有一个方向——上涨才能赚钱，股民赔钱就是因为下跌被套。现货白银多空都可以赚钱，多了 50% 的赚钱机会，就像猜硬币的正反面，即使什么都不懂都有 50% 的正确率。

（6）我们有私人定制服务，专业、专心、专注，只为您赚钱。白银交易会有专业的老师全天 24 小时不间断指导，给出明确的买卖点提示，只要按照老师的提示操作就可以了，非常简单。老师的经验特别丰富，喊单的成功率一般在 75% 左右。

（7）资金第三方存管，和股票开户需要去银行绑定三方一样，做现货白银也要去银行办理第三方资金托管，资金存在银行又不是在我兜里，这样总称得上正规、安全、放心了吧？

国际上的确有以伦敦银（LOCO LONDON SILVER）为主的白银现货市场，主要分布在伦敦、苏黎世、纽约、芝加哥及香港等地的交易所。真实的白银现货市场确实具有骗子宣称的那些特点，正因如此，骗子的宣传才更具备欺骗性，只不过一个是真实的，一个是为了骗人钱财的。

为了欺骗，这群人极具韧性，一旦发现有人有参与的意向，就像苍蝇看到了有缝的鸡蛋，各种反复洗脑将接踵而至。上面这些东西，所谓“业务员”“老师”“专家”轮番上阵，从各个角度轰炸，正着说完反着说，反着说完正着说，不断对比、不断强调、不断重申。

我们说过，人类意识对环境认知依赖于信息输入，反复被输入这些套路就会顺着别人设定好的套路思维，感觉这东西太棒了，开始盘算投多少钱，甚至打上小九九盘算能赚多少钱……

临门一脚的时候，套路还有最后一招——不看广告、看疗效——此时骗子还会拿出一些证据——他们曾经的指导记录、喊单记录或者客户盈利后一些感谢老师的真凭实据，可以清清楚楚地看到他们的实力，彻彻底底地信服。

什么有人几天业余时间获得 7000% 的利润，什么全职妈妈一天赚到了 6 万元，什么退休公务员半个月赚 90 万元，什么拾荒老人月赚 50 万元……更有甚者，弄千万上亿的账号让你看看，绝对震撼。

榜样的力量无穷大，看到如此多成功案例，所有人都赚了，看起来真的很简单：有专家团队，有完全自由的市场，有别人的钱为我赚钱，为什么不去试一把呢?

……

然后，然后就没有然后了。因为一旦进入就会马上发现这个所谓的“白银现货”市场跟之前所听说的完全不一样——不是层面不一样，而是彻头彻尾完全不一样。

何解?

很简单，您被骗了。

这个世界上有白银、原油或者其他大宗商品的现货、期货市场，这些市场也具备投资品属性，只不过骗子所构造的这个市场根本就不是市场，而是骗局。一旦受害者被套进去，就进了一个单独的圈子，与真实的市场完全是两码事，这是一个由骗子造出来自己控盘的市场，资金圈也是封闭的，只有骗子骗进来的资金。在这样的圈子里，甚至有的系统用户全部亏损，有人估计有一成左右的人盈利就已经相当不错了。

现在，我来解释一下这些所谓的“市场规则”。

（1）国内合法的大宗商品期货交易所只有大连商品交易所、郑州商品交易所和上海期货交易所，金融期货交易则是中国金融期货交易所，除了这些交易所，其他交易所的地位都值得怀疑。再次提醒，期货市场对操作技术要求非常高，普通人根本没有赚那份钱的能力。最好的方法是，一旦有人跟您说这些，干脆地拒绝，不要相信。

（2）在骗子的平台里，现货白银是24小时交易，但在实际交易过程中，后台会对您的操作进行限制，让您在想买的时候不能买，想卖的时候不能卖，出金以各种理由出现时间上的延迟。这么做的目的就是不让您出金，让您多做交易，快点亏损，更恶劣的是，直接修改您的交易成本，跟抢劫没有什么区别。

（3）所谓的全球市场仅仅局限在他们自己的交易体系之内，也就是说所谓“国际接轨”只存在于您眼前的一隅之地，连这个房间都没出。所谓投资者和会员单位、交易所的关系就是对赌关系，说白了资金池是给定的，在这个游戏里，不是您输就是骗子输，骗子怎么可能输？这样的骗局说白了就是一个负和博弈，手续费人家是必赚的，剩下的基本相当于对赌。就算您有通天彻地之能，骗子可以随时修改规则，可以左右您的操作，相当于这个市场有一个“神”，您怎么可能在这里赚钱?

（4）一些非法平台里，所谓资金第三方存管只是欺骗的一个幌子，会员单位和银行签订的协议完全不同于股票市场的第三方存管方式。前者只是一个合作关系，银行只对账户提供通道，不对资金安全负任何责任，协议上写得清清楚楚，只是您没看到罢了。另外，您的资金进出，特别是从现货白银账户往银行卡里转出资金，可能会受到交易所会员单位后台限制——它不让您转，您就真转不出去。

（5）对于普通投资者而言，现货白银走势图和股票的 K 线图似乎没有什么太大区别，其实这里隐藏了很大的秘密。股票的走势是成千上万交易者最终买卖的结果，而骗子所弄出来的“会员单位”可以根据自己的意愿修改、控制走势图，交易中最常见的现象就说“滑点”。说白了，人家想怎么玩就怎么玩，一个可以修改走势的市场，还是市场吗？是财富的屠宰场罢了。

（6）会员单位名义上赚取的是客户交易的手续费，实际上与交易所代理商所签订的都是“头寸”协议。简单点儿说，骗子可以从客户的亏损中按比例得到提成，只有客户亏损，他们才能赚钱。

到这里，就不用说什么交易技巧、投资者心态之类的话了，明眼人一眼就看出来了，这种所谓的现货白银市场就是交易所、会员单位、代理商合伙让客户亏钱，赚取客户亏的钱。

不信?

2014 年 3 月 15 日的央视“315”晚会曝光了一些现货白银的案例，此类诈骗大戏暂时落下了帷幕。没过多久，旧瓶换新酒，现货原油又接过了现货白银的接力棒。名字只是把现货白银改成了现货原油，还别说，真有人上当。

随后现货原油又变成了现货天然气、邮币卡……千变万化，骗钱的手段万变不离其宗，可能只是同一个系统改了一个名字罢了。

撇开这些骗局和操纵的手段不说，就算真的有这样一个十分公平、公正、公开的市场，大多数人还是会赔钱，而且赔得非常惨。为什么还会是同样的结果呢？别的不说，单方向的股票做不好就像进入期货市场，不赔钱才怪。

如今，现货白银骗局已经过去，也许会滋生新的骗局，同样的伎俩、同样的诱惑，当然，同样的悲剧。虽然上当受骗的不再是同一群人，但被骗的原因一定类似。关于理财请擦亮眼睛，您看的是增值，骗子惦记的是您的本金。

剖析骗局原理

我们说过，“白银现货”骗局是一个负和博弈，在人为设计好的交易体系里还不是客户互杀，而是存在一个“神”，这样的体系中客户不可能赚钱。

下面，我为您进一步剖析骗局原理。

所谓会员单位和代理商的协议，一般分为纯手续费合同和打包头寸合同。纯手续费合同下，代理商只按照约定比例得到客户交易产生的部分手续费，用户的盈亏和代理商之间没有任何利益关系。也就是说，正常的协议中代理商只赚交易手续费，交易一笔给一笔的钱，客户之间在市场中互杀。虽然这种协议也是违法违规的，但是，与正规市场的差别只是参与者少而已，不存在绝对亏损。

骗局中最常见的就是打包头寸合同，“会员单位”将客户产生的手续费和交易亏损产生的头寸按照一定比例打包给“代理商”。如果客户亏损，“代理商”按照比例从“会员单位”那里拿到头寸分成；如果客户整体产生盈利，那么“代理商”要用自己的资金填平这个“坑”给“会员单位”。

举例说明，同样 100 万的客户资金量，前者交易下来一个月赚个 1 万左右，后者可以赚（骗）几十万甚至更多，骗子一定会选择后者。骗子一定也会告诉您，我们是正规平台，只赚取手续费，不会像那些非法平台一样赚取客户的亏损（才怪）。也就是说说罢了，有哪个骗子会告诉您他是骗子？手续费有几个钱？头寸合同能赚多少？后者是前者的好几十倍，您已经入瓮，左右都是骗，何不多骗点？

央视 315 曝光了白银现货骗局之后，类似骗局遭受到了致命性打击，如今骗人的白银现货基本绝迹了。为了继续生存下去，这些骗子换了交易的品种，比如，后来出现的有些现货原油、现货天然气、邮币卡等与之类似，把白银改了个名字、换了套衣服、换了个美女销售，就有人被花言巧语蒙蔽了双眼。

非但如此，这些骗子从内到外“焕然一新”，特别是营销方式，开始采用了更加隐蔽、欺骗性更强的套路，尤其是充分利用移动互联和社交软件，不再是电话营销狂轰滥炸那一套。

欲取之，必先予之。

骗子不会用销售人员的身份和您沟通，已经没有人轻易信任骗子了，于是变种就开始出现了。

据公开新闻报道，骗子公司的营销人员每人手里有十来个 QQ 号、七八个微信号、几个微博号，还有其他一些可能用到的账号。给每个账号取不同的名字，分别定义不同年龄、身份、职业、性别、家乡、居住地，通过头像、空间、朋友圈、微博等发布风格不同的内容来强化各个账号的身份特质，让普通人看起来这些账号和他们所说的职业、年龄、性别、地址等信息高度吻合，从而充分相信这些账号说的话。

这只是第一步的身份装扮，随后他们会潜伏到各种交流群，以各种理由添加QQ好友、微信好友、微博好友……成功添加好友之后，他们大多会以各种方式和你聊天，让你信任他（她）这个人、信任他（她）所说的一切。

在这之前的接触中骗子已经通过聊天内容大致知道了您的性别、年龄、工作、有无投资经历、资产状态、股票状况等详细信息。然后他们会以身边的朋友赚了钱，或者自己从无知到参与、最后赚钱的说法引导你开户一起赚钱。当然，他们的朋友和自己赚钱的经历都是为了诱骗你上钩而编织的美好谎言。

为了让您更加信任，他们会时不时地给你发一些朋友或者自己盈利的截图，证实他们真的赚钱了，数额绝对让您心动。跟之前一样，所有的一切都是为了让您“看到”。

接下来，骗子就会把您拉到一个QQ群或者微信群，群里有“老师”“分析师”“老客户”“助理”，组团忽悠。在群里这些人饰演不同角色，分析师发送行情分析，助理随时发布财经资讯，经理解答客户问题，开户专员联系客户开户等。时不时还会有熟悉的朋友一起和你交流做单经验，商量做单对策等，让人倍感温馨。

团结的力量大，经过几个“老客户”“助理”“老师”的一番“帮助”，您又看到了更多的盈利案例，也就有了更多的信心，距离陷阱也就更近了一步。当然，您进群之后感受到的是和谐的氛围和专业的服务，还有群友之间良好的情感……

几轮攻势下来，心智不坚定的很容易被带进套里。

真相其实是这样的：群里这么多人十分热闹，最多有三个人，其中一个就是您。消息都是骗子用不同的号扮演不同的角色发出的，目的就是为了千方百计开发您。就像之前看到的一个新闻，一个几十人的群，除了他自己，其他人都是骗子……

骗子骗人也讲究战略，不会做一锤子买卖，他们更喜欢长久地割韭菜。为了能让您的交易生命更长久，进群后马上会有一个和您类似的投资者进群，这个人无论投资经历还是知识储备、资金水平肯定都比您差（很快就比您强了）。您会感到此人什么都依赖您的决策，除了他马上就进入交易系统、赚大钱之外，然后，您跟他就成了无话不谈的好朋友。

请不要相信一见如故的缘分，再次强调，封闭、保护自我才是人类最本质的心性。骗子已经什么都了解你了，能不知道你的脾气性格吗？他（她）会主动和你聊行情、探讨该如何买卖，做对了他（她）会鼓励你多入金、做错了他（她）会帮你分析，安慰你别泄气继续做，基本都是为你考虑，一副有难同当、有福同享的义气。

读到这里相信你已经猜出来了，这个和你一起讨论的投资者也是他们自己的小号，为的就是随时跟踪你的做单情况，了解你最真实的心理活动，让你说出心里话，帮你解决“疑惑”，从而让你多入金、多做单、多亏钱。

说到这里，现货市场在“315”曝光之后的营销手段和骗局基本展现给大家了，不管是现货白银、现货原油、现货天然气还是邮币卡，基本都是这个套路，品种在变，营销人员也可能在变，不变的是你肯定会亏损。

所有的骗局都是为了勾起人类心中的贪婪，“白银现货”也好，后来的其他变种也罢，骗局的本质是构造一个幻境，在幻境中可以得到日常生活中得不到的东西，包括实质性的收入，也包括虚幻的热情与服务。骗子主导的幻境让您看到却拿不到钱，毕竟他才是幻境中一切的主导，然而，幻境的终极目标是诈骗，虚幻的美好终究会被现实戳破。

画中牡丹终是幻，若无根土复何春？

然而，人类终究无法摆脱贪婪与恐惧，诈骗也将在某种时机出现，要如何抵抗这种诱惑？诱惑之所以为诱惑是因为能真的戳中人心底渴望的东西，抵抗诱惑不仅仅靠心智，还要靠学习。在这个世界上，人人渴望赚钱，但不是每个人都适合通过投资赚钱，更不是每一笔投资都稳赚不赔。所以，在这个世界上才认为懂得投资的人是“奇才”，所以才会有索罗斯、巴菲特这样的传奇，所以，才会极力推进“投资者教育”这样的概念。

“投资有识，生活有道”是上海证券交易所投资者教育提出的口号，投资者教育当然不可能把大家都教育成巴菲特、索罗斯，而是要告诉每一个人基本金融常识，如何规避风险，即使不投资，也不能被骗。

这只是一本书，不可能完成投资者教育的伟大任务，只是借着一些极端的案例澄清几个必须避免的误区。

第一，理财之中，风险无处不在。任何机构发售的任何个人理财产品都是有风险的，包括目前大家认为坚不可摧的银行在内。相当一部分人对理财产品并没有真正的概念，不知道理财产品对应的资产是什么，在他们的印象中银行理财产品就类似于储蓄存款。更有甚者以为商业银行是国家机关，银行拿存款、理财去干什么了都不知道。别说银行理财，就是存款都是有风险的，也就是说，银行并非不能破产，银行破产又没有存款保险，存款人同样有可能血本无归。

第二，理财除了看收益率，最重要的是本金。在一项银保监会进行的理财问卷调查中，大约有一半的人首先关注收益率。这种现象是有道理的，理财当然哪个最赚钱就买哪个，然后才是期限和手续费，至于风险还真没太考虑。

这样是不行的，收益率固然重要，更重要的是本金安全，除非是职业投资选手，理财所带来的收益都不可能带来财富量级飞跃，本金损失却一定是重大事件。所以，普通人理财，最重要的不是收益，而是本金安全。市场风云变幻，即使是正规银行理财产品，也只是一家企业的投资行为。经营企业的都是人，是人就会有错误，投资方向也会出现失误，更何况还有骗局。

理财、理财，是一件有风险的事儿，您赚到的只是年化百分之几的利息，掏出来的可百分百是真金白银。所以，千万擦亮眼睛。

第三，分辨不清预期最高收益率和实际收益率。在关于理财的问卷中，相当一部分人把预期最高收益率等同于实际收益率，然后，在理财产品到期的时候发现没达到标准就大呼上当。

这不能全怪我们投资者，有一种情况确实算是违规（也可以被称为是欺骗），销售理财产品的人故意混淆了这两者的概念，让投资者误以为预期收益率就是实际收益率。

更有甚者，对理财期限也不是很明了，任何一种理财产品都有年化收益率，实际收益率只是年化后的一部分，有人愣是把年化收益率当成一款理财产品实际收益率，如此焉能识得理财真面目？

借贷困局：怎样的钱不能借

最后我们来分析一下与借贷有关的骗局。与理财赚取收益相比，我们必须同时明白怎样的钱可以借，怎样的钱是不能借的。对借款者来说，有时候一无所有并不是最可怕的，可怕的是资产一无所有，却有一屁股债。

2018 年底国内网络曾经广泛引用香港汇丰银行公布的统计数据：中国内地“90 后”人均负债比已高达 1850%，也就是说每个“90 后”平均负债 12 万元。很多年轻人拿着 5 千的月收入，靠着负债过上了月入 5 万、家庭资产千万的金领生活：名字必须英文的，衣服必须品牌的，包包必须限量版的，外卖经常带生鲜的，隔三岔五去趟欧洲日本购物是必备的……

世界太新奇，为何偏偏我没有参与感？遏制不了消费欲望，尤其遏制不住攀比型消费欲望，月入 5 千和月入 5 万有着同样的消费信条和单子，很容易陷入借贷困局。

月光仍旧满足不了欲望怎么办？

有人的回答是借钱消费也要跟上时代，青春一定要奔放，生活一定要有仪式感，这样才不辜负自己。先是用信用卡每个月只还最低还款额，蚂蚁花呗、京东白条，最后连网贷都要借一下……

我们赞成通过借贷平衡一生现金流，但是，我们坚决反对借贷消费，尤其是年轻人的消费借贷。消费借贷不产生现金流，反而会消耗后期现金流。在借贷期内借款人现金流流入一般不会出现实质性提升，现金流支出却会因为消费借贷减少，甚至让借款人入不敷出。

消费信贷完全不同于资产信贷，资产信贷最终扩大的是资产，消费信贷是纯粹的负债，所谓消费品一定无法变现（或者折价率极低），是要减少总资产的。

资产信贷让人振奋，消费信贷却像金融鸦片，尝了第一口就想第二口，吸食成瘾又难以戒除，这一点的坏处是怎么说都不为过的。

无论是车贷还是消费贷，一切带有炫耀性和不带有炫耀性的消费都不能通过借钱解决，无论车、手机、服装、包包、旅游……统统不能靠借贷解决。换一种说法会更明确，您见过哪家企业会为了修整食堂借钱？

车贷是最典型的消费贷。以车贷为例，经销商往往会推荐一些金融服务公司，甚至提出无息贷款的条件（当然会收一定的手续费）。实际上，这些所谓金融服务年化利率并不低，即使在银行业务中车贷也是一项不良贷款率偏高的产品，不是很受金融机构欢迎。真正喜欢车贷的是车企，不是金融机构，反正汽车销售出去了，至于购买者能不能还钱可不是车企的事儿。

再来分析一下，车贷一般两年就要利随本清，本息合计折合到两年的每一个月，会侵蚀掉很大一部分月收入。如果家庭或者个人在购车的时候拿不出这部分钱，坚决不建议贷款买车。车贷只适合平衡短期资金流的用户，即手边有这部分钱，但可能有其他用途，很快就可以平衡这部分缺口的家庭。

反对车贷还有一个重要的理由，就是部分银行对身上背着车贷的客户是不放房贷的，房贷与车贷，孰重孰轻一目了然。

至于信用卡，强烈反对大额分期付款，分期付款确实减轻了当期现金流压力，但只是把压力分散到短短的几个月内。

反对分期付款的最大理由也是房贷审批。对信用卡发卡银行来说，住房贷款、信用卡是不同的部门，双方关注点完全不一样，两个部门考核截然不同，每个部门都只关注自己的收入，信用卡业务收入主要来自分期付款，所以信用卡部门鼓励分期付款。对房贷部门来说则完全不是一码事，他们一定要关注房贷本金安全，对分期付信用卡的客户存在戒心。分期付款只要按期还款就不会产生不良征信记录（正常情况下征信报告不体现信用卡分期付款政策），但是，一个连日常消费都要靠分期的人，现金流会稳定吗？

信用卡审批比较严格，网贷就比较简单了。蚂蚁金服发布的《2017年年轻人消费生活报告》，2017年已有4500万人开通了蚂蚁花呗。相对来说，网络借贷审批比信用卡容易得多，价格也相对高。很多机构声称只有手续费，没有利息，年化利率不超8%——这利率真的和做慈善一样。

实际不是这样的，每期的本金是一定要还的，但手续费的计费基准却永远都是本金——哪怕是最后一期，这样计算下来实际利率根本就不是宣传的那样。

以某股份制银行的分期产品为例，12 期分期，每期费率为 0.82%，年化利率为 9.84%（0.82%*12），12000 元每期需要偿还本金 1000 元，每期利息为 98.4 元（12000*0.82%），总共需要偿还利息 1180.8 元（96*12）。

9.84% 的年化利率看起来比某宝的借呗利率（利率为日息万分之 3.5）还要低，其实这里面藏着很多猫腻。

分期还款时，明明欠的本金越来越少，却还按照初始本金偿还利息，这其实是在玩一个数字游戏，9.84% 只是名义利率，实际利率要比这个高很多。

实际利率是多少?

很多人不会算，其实很简单，用 Excel 表格里的 IRR 函数（计算内部收益率的函数）计算可知，每期实际利率为 3%，年化利率高达 36%。

一次又一次借贷带来的消费快感，还款延迟又会带来一段资金压力空窗期，这些都是借贷消费的理由。但是，借贷消费不可能实质性缓解现金流短缺，反而会造成财务状况恶化，原本可有可无的东西变成了负债。

请记住，借贷消费最恶劣的不是对现金流产生多少影响，而是培养了随便借钱的坏习惯。一旦习惯于用借贷消费，克制欲望的能力便会直线下降，这就是所谓的“棘轮效应”。老祖宗说的“由俭入奢易，由奢入俭难”就是这个道理。

欲望是一条不能跨越的底线，之前有消费能力控制，没有钱就买不到；自从有了网络借贷，消费欲望控制的上限对某些人变成了借贷上限、借贷极限，一旦到达极限就是毁掉人生。

人类的物质性需求源自生物性，美好没有止境，诱惑也就没有止境，消费层级递增也弗远无界。开始可能只是用信用卡分期付款买一部手机，后来想买的东西越来越多，借得也就越来越多，信用卡额度不够，于是花呗、白条、网贷……虱子多了不怕咬，直到到达还贷的极限，整个人生都被毁了。

仅以吃为例，人们常说的一句话是“食色性也”，还有一句古训我们不常说，叫作“口腹之欲，心智之养”。后面这句话的意思是，有心智的人会控制“吃”的欲望，不可能无限制满足它。

所谓山珍海味，所谓“色香味意形”没有人不喜欢，或者说美好的东西每个人都喜欢。但是，不是所有人都买得起这些好东西，即使古代帝王，如果在饮食上极尽奢侈都怕悠悠史笔，何况普通人？

“控制欲望”意思很浅显，听起来也很简单，却是世上最难的事儿，人生之难就难在放弃，尤其是让一个没有经历过的人放弃能得到的享受。

舍不得放弃，就可以随性而为了吗？须知，欲望是烈火，控制得当便是人类工具，控制不当必定燎原。

高利贷自古有之，被高利贷搞到家破人亡也自古有之。《南史》有云“便驱券主，夺其宅，都下东土百姓，失业非一”，反观债主则“出则必车，归则必浴，居必方城”。悲情故事从古至今从未停止上演，还是不断有人进入彀中，后人哀之而不鉴之，亦使后人而复哀后人也。

如今，不知从何时起出现了一种互联网金融产品“现金贷”，即，小额现金借贷业务。“现金贷”相关公司对申请人发放消费贷款，宣称借款、还款方式灵活，审批迅速。其实，这句话还有一种解释就是：贷前审查不严，风险高。

现金贷背后的控制者不可能做慈善，归根结底还是为了赚钱，风险高的贷款业务怎么赚钱？

善意的人可能会猜测，“现金贷”风险高收益也高，而且这种业务额度比较小，高收益是可以弥补高风险的。现金贷的利息有多高呢？一般年化利率在150%以上，有报道称最高可达3000%，更有“断头贷”（比如，贷1000元，直接扣掉一期利息，实得850元）之类的花样。

这种产品对用户极不友好（姑且将之称为金融产品，这样比较好表述），实际是对用户的一次逆向选择，只有信用最差、现金流最差的用户才会去选择现金贷。加上贷款人的恶意引导，借现金贷还现金贷、借A平台还B平台，一旦身陷其中几乎可以肯定无法自拔，于是我们看到了网络上出现的极端案例，借款人原本只是借1万元，还了几十万元还没还清，不堪催收骚扰。

陷入现金贷困境的多是学生或者是刚出校门的年轻人，我们是一个对年轻人管束很严格的国度，童年、少年很难有机会接触到钱，对还款和财务规划没有概念。这是完全错误的，每一个人都应该尽早理解金钱的意义，尽早知道自己、家庭在社会财富中的层级，知道怎样的钱不能花、什么样的钱不能借，应该以怎样的态度对待金钱。

在某种意义上，这些是比学习成绩重要很多的东西。很遗憾，我们对少年儿童缺乏必要财商教育，家庭对少年儿童很少提起家庭财务状况，无论哪个阶层都对自己的社会地位讳莫如深。

财富层级越向下的家庭越容易这么做，也可能是为了孩子的自尊心。越是不愿意提及，就越容易犯这种错误。对一个人的成长来说，认清自己最为重要，其中最重要的一环就是认清自己和家庭的经济实力以及在社会上的真实地位。如此，才能知道什么可以选择、什么必须拒绝。

身陷现金贷只是一种年轻人缺乏财商教育恶果的一种表现，年轻人的收入付一套房子的首付都困难，骤然看到繁花似锦的世界难免被诱惑。有时候越是贫困的家庭虚荣心就越强，虚荣心越强对欲望控制的能力就越低。在无良媒体的轰炸下，偏偏这部分人开始信奉"你消费了什么就代表你是谁"，加上花里胡哨的营销套路，浮躁的自媒体鸡汤，个别人最终陷入"自杀式消费"的死循环——以目前收入增长速度永远无法还清欠款。

有机构公布了这样的数据，90 后在借贷市场上占比为 49.31%，更糟糕的，其中 28.57% 的人贷款是为了"以贷养贷"；90 后的负债是收入的 18.5 倍，人均负债超过 12 万……

这是一组令人伤心惨目的数据，在债务的无底洞中有些人丧失了思考能力，浑然不想为何得到的只是催收电话而不是法院传票，浑浑噩噩还着毫无可能还清的贷款，直到最后崩掉的那一天。他们根本想不到，现金贷的偿还比率远低于正常贷款，最后一定会把人逼到死角。

即使如此，现金贷的经营者依然赚到盆满钵满，整个经营套路就是一个击鼓传花的骗局——没人指望你能还钱，而是指望你去其他平台借款堵上我的窟窿。直白地说，这是一个互害行业，看谁新进入这个圈子，看谁心慈手软，最后进入的、心慈手软的，一定就是最后的输家。

那么，该如何避免陷入类似套路呢？答案简单而有效，就是一条铁律：坚决杜绝消费信贷。

既然说到借款，我们再饶舌一句，什么情况下可以借给别人钱，借钱究竟意味着什么。很大一部分人生活中会遇到熟人借钱，借不借、借多少、什么时候借，这些都意味着什么，相信很多人没有想清楚，就会在这件事上很为难。

借款，分为几个层次，哪怕是至近亲友也概莫能外。

第一个层次，血缘借贷。

费孝通有本传世的小册子叫《乡土中国》，其中把中国人情社会比喻为一个圈层，以血缘为核心，亲疏远近随着圈层递减而递减，就像石头投进水中掀起的涟漪一样。经历了几十年“421”结构的家庭中不存在舅舅、姑姑、叔叔、伯伯这样的亲情概念，但血缘关系依然存在。

除非借款人为了满足赌博一类的不良嗜好，直系血亲的借钱需求应该在很大程度上予以支持，所谓直系血亲包括：父母、子女、同父同母兄弟姐妹（如果父母是独子独女还包括祖父母、外祖父母）。

家庭本就是共同抵抗社会风险的共同体，即使借款人无力偿还，借款将来成为纯损失，这也是作为家庭成员应该担负的责任，不能仅仅从经济角度来考量。何况，一般情况下直系血亲之间的借贷都是有确实的事由，不会平白无故借款。

直系血亲之外是旁系血亲，三代以内的亲属都可以被视为旁系血亲。旁系血亲处理起来比较复杂，有的类似于直系血亲，有的还不如普通朋友。

旁系血亲借贷总体上遵循一个原则，一代人处理一代人的事儿，即，上一代的人情不要强迫传承给下一代，也即，父母之间的亲情如果传承到下一代，下一代自然可以比照直系血亲；父母一代的亲情如果没有传承到下一代，借贷便不应在下一代之间出现，由上一代自行完成，不能用上一代的亲情绑架下一代。

第二个层次，友情借贷。

一个好汉三个帮，人生在世谁无知己？友情借贷常见于我们的生活中，一般来说，要好的朋友（含同事），借贷金额在月收入之内，临时用急，一般情况下尽量满足。如果借贷金额超过了三个月收入，就需要衡量一下。

友情借贷从出借的那一刻起就要做好坏账的准备，三个月收入以内，即使损失对日常生活也不至于产生显著影响；如果损失额过大就要衡量对生活的影响，做好最坏的打算，或者将借款控制在损失能承受的范围之内。

另一个重要的衡量标志是对方三个月收入以内，同理，三个月收入以内对方没有太大压力，还款就比较轻松。

大额借款一定跟对方说清楚还款来源、时限、利息，资金成本是明摆着的。除非直系血亲，请不要幻想没有利息的借款，没有人天生应该为你付出，起码资金成本要达到无风险利率，即国债或者货币市场基金利率才有可能有人借款给你。

一般向人借钱都是遇到了难以解决的问题（除非是欺诈），资金流在短期内不容易好转。面对压力，亲友借贷的还款顺序会排到最后一位，毕竟亲友借贷中没有任何强制力保障执行。一旦之前计划的资金流有所变化，甚至个人手中的现金储备不足，都会率先推迟亲友借贷，这是人性决定的，与道德无关。

一旦借款金额过大，对借款人形成实质性压力，到期不还就会催款，一旦催款就成了仇人，甚至本金随着亲情友情一起消失，这种情况并不罕见。

不太熟悉的朋友、多年不联系的人、泛泛之交，或者是您意想不到的人向您借款，一定要小心，只有两种条件下才会出现类似情况：一是此人的联系方式被盗了，有人冒充他向您借款，这些年类似的报道还少吗？一旦上当受骗，总不能把这笔钱算在朋友头上吧？二是借款人本身就没把您太当回事，您借也可，不借也罢，这笔钱对他不是真正需要的。否则，真是救命救急的钱，不会向您开口。

结束语

理财最重要的事情是什么？

理财最重要的事儿是防范风险！

理财最重要的事儿不是保住本金！

理财最重要的事儿是防范风险，保住本金！

在本书最后部分再次跟大家强调：任何人、任何时点、任何一笔理财，防范风险都远比赚取收益重要。

无论多大金额的理财，无论芸芸众生还是社会精英，无论身处哪个社会层面，理财收益都不可能对生活品质有实质性影响，一旦本金损失结果却是确定的。本金高、收益高，投资人生活成本本身就很高；本金少、收益低，投资人生活成本本身就不高。

高收入阶层的理财收益总量高，收益总量高的基础是本金高而不是收益率高，收益率越高的本金面对的风险就越大。从理财实践的角度来看，高收入阶层确实面临更大的损失率，况且这个阶层常常因为自我感觉良好而成了炮灰。请不要在任何时候过于自负，不熟悉的领域坚决不碰，须知，赔起来一个亿跟一百块钱赔光的速度是一样的。

低收入阶层本金低，却不时幻想能获得高收益，试图通过理财提高生活品质。请记住，说到理财收益率，最大的目标是让本金跑赢通货膨胀，能保持原来的购买力已经是一件很难的事情，至于赚取高收益基本是不可能的。投资是世界上最难的事情，如果能够轻易实现，世界上早就没有巴菲特、索罗斯一类的传奇了。请千万不要跨越层级购买上一个阶层的理财产品，例如几个普通家庭凑钱购买本金百万量级以上的信托产品，赚得起、赔不起，其中的风险无法屏蔽，更无法承受。

本金安全在任何情况下都比赚取收益重要，经济学、金融学（确切地说是西方经济学、西方金融学）是一些有意无意的骗子，某种程度上是一种文字游戏。所谓“风险 - 收益”配比就是其中之一，按照该理论，高风险对应高收益、低风险对应低收益，类似于“西瓜红色，心脏红色，所以吃西瓜补心”一类的妄言，现实中根本就不存在。

投资的结果永远只有两种：一是高风险、无收益；二是低风险、低收益。

因为世界上只存在“高风险”，根本不存在“高收益”，这是马克思主义经济学早就证明的结论：自由竞争条件下，一切产业最终都会到达“平均利润率”；“超额利润率”只存在于垄断条件下。垄断确实可能产生暴利，可是普通人都能参与的垄断，还是垄断吗？

不要幻想普通人能有奇遇。以风险投资为例，普通人随便投一个所谓“高科技”企业将来一旦变成 BAT，岂不是实现财务自由？

这种事儿只存在于神话之中，不可能出现在现实的人生。

即使 BAT 也仅仅是一种商业模式，不是开天辟地的高科技创新。所谓商业模式创新，赌的是资本给予足够支撑，以自残（烧钱）的方式打垮对手，最终形成渠道垄断，赚取超额收益，普通人怎么可能身处其中？

至于真正的原创高科技确实存在，但很遗憾，原创高科技一定是从实验室里成长起来的，最初也一定是赔钱的，连商业资本都不会涉及，何况普通人。

在诸多竞争性企业中寻找最后的胜出者，这不是一个概率问题，完全是资本赤裸裸地搏杀。普通人想从中分一杯羹，无异于痴心妄想。火中取栗赚成盆满钵满的情况确实存在，但仔细分析背景，这高收益一定不在普通人所触及的范围之内，而且这种投资的风险往往并不高。

那么，普通人要怎样理财呢？

学会“理财”就要理解财富。

财富有很多种，所有表现形式都生于市场、长于市场、灭于市场，所以，理解财富必先理解市场。市场是最考验人心理的地方，也是最好的修行之所。每一个人所有的成长经历无非是无数次交易罢了，在某种意义上，人生就是市场，市场就是人生，人生原本就是一次次交易组成的。

每个人原生家庭不同，所接触到的社会环境不同，自然对市场就有了不同的观点，最终形成了不同的市场悟道和人生历程，所谓理财收益或者说家庭总资产只是以货币的形式体现出来罢了。那不是孤零零的一个数字，而是一个人所有的贪、嗔、痴、疑、慢。市场道心就是撕下所有面纱，让人类思维在真实的利益面前无所遁形，再以货币的方式醒目地把一个人标注在社会之中。市场中没有人能成全你，也没有人能害你，这里只是舞台，观众和演员都只有自己，所有的酸甜苦辣也只有你一个人知道。

全书用了很大一部分篇幅跟大家一起理解财富、理解市场，所以很大一部分内容也就成了方法论而非实际操作。于理财或者说任何一件事而言，方法论都远比具体操作重要，须知，有道无术，术尚可求；有术无道，止于术。

学会“理财”就要学会消费财富。

简单来说，消费财富就是什么样的钱可以花，什么样的钱应该存，什么样的钱必须借。先说借钱，借款的目标只能是为购置资产，或者平衡短期（比如 2—3 个月）现金流，不得用于消费类用途。

这一条尤其对年轻人必须要谨守之，年轻人对欲望控制能力较低，刚刚走入世界，诱惑太多能力又太弱，在没有家庭支持的情况下能成家立业已颇为不易，世界色彩又太缤纷，一旦借贷消费之门打开，看到的色彩有可能是阿里巴巴的宝库，还有可能是鲜艳的曼陀罗——传说中那耀眼的红色是人的最后一抹精血。

不仅年轻人，人们经常犯的一个错误是，在财务能力不足的前提下，试图尽量模仿上一个社会层级的生活方式。请记住，这种情况即使偶尔尝试也价格不菲，不但提高不了生活品质，还会勾起更多欲望，属于非常不建议的行为。

必须花费的支出是衣食住行和教育。衣食住行本无标准，量力而行即可：衣服不一定华贵，但一定要整洁；饮食不一定多精细，但一定要健康；无论住在哪里，家人在哪里哪里就是家；至于行，就更是适合自己就好，喜欢又有能力自可买辆高档座驾，至于追风就不必了。所有花费中必须提及的是教育，包括子女教育和本人教育。

请记住，教育从来都属于投资，不是消费，而且是最有可能获得超额回报的投资。最常见的误区，忽略自身教育，注重孩子教育。这是不对的。成人教育非常重要，所谓"言传身教"并不是一句空话，忽略自身，如何能提高孩子教育？成人教育很难见效，有个人原因，也有社会原因，总有琐碎的错误打断学习。想一想那些破釜沉舟般考研、考博的人就应该想到，要想在教育上得到超额投资回报就必须有超额投入，教育不是少年儿童的专利，应该普惠于全民。

学会"理财"就要弄清"流动性"的重要性。"流水不腐，户枢不蠹"，这个道理放在理财上非常合适。

理财，请先保持财富流动性。有流动性的钱才是钱，没有流动性的钱是为人作嫁（所有理财的归宿都是投资，也就是用理财资金去赚钱，赚到钱再分投资者一部分）。在这个世界上，赚钱是最难的事儿，所以，投资期限存在明显差异的理财产品收益率却相差无几，3 年期和 1 年期定期存款每年差别不过 1.25 个百分点。

再看银行理财产品，通常可随时变现的理财产品年化收益率在 3%—4% 之间，期限在 1 年以上的理财产品收益率在 4% 以上，但很少超过 5%。为了多 1—2 个百分点的收益锁定财富流动性，不一定是明智的选择。

请您一定记住，在流动性和收益之间必须选择流动性。永远要让一半以上的财富随时可用，从理财产品到现金的变化时间不能超过三个自然日，保持迅速变现的能力。就总期限而言，家庭理财理论上不应该超过一年。即使在商业银行，超过一年的贷款也会被视为固定资产贷款，而非流动性贷款，会更加谨慎。

要知道，理财的目标是应对人生大额支出和风险，而不是锁定流动性。大额支出的时间应该可以预估，风险却无时不在，没有流动性的资产将无法应对风险。

如此，理财何用？

学会"理财"就要分清现实和梦境，有切合实际的理财目标。大家都想赚钱、赚大钱，这本没什么错误，谁还没点梦想呢？

梦想永远是梦想，梦想总是美好的；现实永远是现实，现实总是残酷的。

请您一定记住，理财的每一个抉择都涉及真金白银，绝对不能把"我愿"想象成"我能"，一定要对自己、对市场有清醒的认知。一旦反其道而行之，把"我愿"当成"我能"，看到高收益就毫不犹豫冲上去，轻者折戟沉沙赔掉本金，重者甚至有可能输掉身家。事实上，任何人都不可能获得明显高于市场的收益。市场是无数人、无数交易、无数博弈形成的价格，也就是最公允的价格。在这个地方，市场是万能的，市场才是神，没有人能超越市场，更没有人能战胜市场。

请不要纠结于酒类、艺术品、玉石、翡翠一类曾经身价暴涨的投资品，或者遗憾在四十年前没有囤点茅台，即使四十年前买了一瓶十几块钱的茅台，以普通人的储存方式也不可能卖出高价。

更有甚者，普通人就算手中有艺术品、玉石、翡翠，也不可能卖出高价，此类商品的目标就是收割最后的消费者，怎么可能让普通人去收割？简单一句话就能诠释其中真谛：玉石讲究缘分，缘分不到如何能遇到买家？

我们从始至终都在强调一个理念，现在也用这个理念来结束，请您一定记得：所谓“理财”对一个人、一个家庭的意义，最重要的不是赚多少钱，而是屏蔽多少风险。平安，才是人一生最大的幸福！